Carsten Germann

FUSSBALL LEGENDEN

Die Autos von Beckenbauer, Pelé, Ronaldo, Klopp & Co.

Motor
buch
Verlag

IMPRESSUM

Einbandgestaltung: Luis dos Santos und Sven Rauert

ISBN 978-3-613-04673-3

Ein Unternehmen der Paul Pietsch Verlage GmbH & Co. KG

Sie finden uns im Internet unter
www.motorbuch-verlag.de

1. Auflage 2024

Lektorat/Redaktion: Bernd Keidel
Innengestaltung: Sven Rauert
Impressum: Druck und Bindung:
DZS GRAFIK d.o.o, 1210 Ljubljana, Slovenia

INHALT

»YOU'LL NEVER DRIVE ALONE« – FUSSBALLSTARS UND IHRE AUTOS

Leverkusen, 18. Mai 2024. Eine Reportage-Reise für meinen Arbeitgeber die-fussballreise.de führt mich zum neuen Deutschen Meister Bayer 04 Leverkusen. Der frühere spanische Weltklasse-Spieler Xabi Alonso, ein ausgemachter Auto-Liebhaber, hat die Bayer-Elf erstmals in ihrer Vereins-Historie zum Meistertitel geführt. Die riesige Erleichterung der Fans spürt man an diesem historischen Tag in der BayArena bis unter das Dach.

Die Worte, die die überglücklichen Menschen in Leverkusen am Mikrofon haben, gehen mir nahe. Seit 2001 habe ich selbst viele Spiele von Bayer Leverkusen in der Berichterstattung betreut. Aber nie durfte ich eine Meisterehrung oder einen Pokalsieg beschreiben oder kommentieren. Nun ist die BayArena nicht nur der Tempel der Fußball-Glückseligkeit in Deutschland, sondern auch der Navigations-Endpunkt eines Meister-Konvois, der nach der Rückkehr vom DFB-Pokalfinale 2024 (1:0 gegen den 1. FC Kaiserslautern) losfuhr und der außergewöhnlich ist.

MAKING OF »FUSSBALL-LEGENDEN«

Meister-Autos – Sie sind nur ein Teil der Idee zu diesem Buch. Welche Autos fuhren die Deutschen Meister Bayer Leverkusen, der VfB Stuttgart und natürlich der deutsche Rekordmeister FC Bayern München auf ihren Triumphzügen, durch die eigene Stadt, durch das Spalier der erfüllten Anhänger? Gab es gar einen Bayern-Umzug ohne Autos?

Diese Auto-Biografien rein technisch aufzubereiten und ein Luxus-Auto nach dem nächsten herunter zu schreiben, war mir zu wenig. Liegt mir auch nicht. Ich bin Auto-Fan, aber kein Techniker. Mir waren die kleinen und die großen Auto-Episoden der Fußballhelden ein Anliegen. Fußballbücher leben von Anekdoten und Bildern, nicht von Chronologie.

Auch wollte ich keine Inhaltsstruktur in Ranking-Form: Sie lesen die Geschichte und Geschichten der Fußballhelden und ihrer Autos in alphabetischer Reihenfolge.

BEGEGNUNGEN MIT »UNS' UWE«, »GAZZA« UND »EL DIEGO«

Die porträtierten Fußballstars und ihre Autos. Einige dieser Spieler wie den unvergessenen Uwe Seeler, Maurizio Gaudino, Paul Gascoigne, Günter Theodor Netzer und natürlich »Die Hand Gottes«, Diego Armando Maradona (2006 im WM-Spiel Argentinien gegen die Elfenbeinküste in Hamburg), sind mir in mehr als 25 Jahren als Fußball-Reporter und Redakteur persönlich begegnet. Ich habe versucht, diese Begegnungen nicht allzu aufdringlich zu platzieren. Ein Buch über Fußballhelden kommt nicht ohne den brasilianischen Fußball-König Pelé, den englischen Flankengott und Fußball-Popstar David Beckham, Cristiano Ronaldo oder die zlatanischen Autos des Zlatan Ibrahimovic aus.

»WIE ICH EINMAL ZLATAN IBRAHIMOVIC VERPASSTE«

Wenn wir über Begegnungen mit Fußballstars reden, so gilt für den Schweden Ibrahimovic die Headline: »Der Tag, an dem Zlatan Ibrahimovic einmal nach Leipzig kam – und ich ihn verpasste.« Völlig ausgepowert nach vier Wochen Fußball-Weltmeisterschaft und einem direkt im Anschluss erstellten Album über Bayer Leverkusen, musste ich meine Akkreditierung für das prestigeträchtige Testspiel RB Leipzig gegen Paris Saint-Germain mit »Ibra« am 18. Juli 2014 absagen. Mut zur Lücke.

Ibrahimovic fährt mit seiner luxuriösen Auto-Armada aber trotzdem in diesem Buch vor. Ebenso ein Spieler, der schon in den 1970er-Jahren in Frankreich Geschichte schrieb: Ivan Curkovic. Der lange Weg seines Mercedes-Benz ins Vereinsmuseum von AS Saint-Etienne? Ein japanisches Auto als Trophäe für den »weißen Pelé«, Arthur Antunes Coimbra, genannt Zico? Versenkte »Gazza« Gascoigne tatsächlich ein Auto in einem schottischen See? Es sind genau diese Auto-Episoden, auf die es mir ankam.

Eine Autofahrt, die mir immer in Erinnerung bleiben wird, hatte ich im November 2006. Allerdings nicht mit einem Fußballstar, sondern mit einer Legende unter den britischen Fußball-Hooligans: Cass Pennant von West Ham United. In einer schwarzen Mercedes-Limousine ging es über eine Stunde ziellos durch das Londoner East End. Aber das ist eine andere Geschichte...

Carsten Germann, im Juli 2024

ECHTE LAMBO-LIEBE

Pierre-Emerick Aubameyang – Der Paradiesvogel und Torjäger aus Gabun wurde beim BVB zum absoluten Publikumsliebling. Mit seinem trendigen Lebensstil, seiner schrill anmutende Auto-Armada und dem Duell mit dem bescheidenen polnischen Ausnahme-Fußballer Robert Lewandowski von Bayern München um die Torjägerkrone prägte er bei Borussia Dortmund eine Ära. »Auba« gab direkt Vollgas.

Am 10. August 2013 flog in der Augsburger Arena ein Mann in die Bundesliga, der mit seinem flippigen Haarschnitt und seinem extravaganten Torjubel – Salto vorwärts – dem von George Michael und Andrew Ridgeley 1982 als »Wham! Bam! I am a Man« besungenen Typ im »Wham!-Rap« (Enjoy what you do) vielleicht am nächsten kam. Gut, schriftlich haben wir das nicht – aber die Vermutung liegt nahe.

Mit drei Toren beim 4:0-Auswärtserfolg des BVB beim FC Augsburg deutete ein bestens aufgelegter Pierre-Emerick Aubameyang an, dass er in Dortmund nicht als Backup für den von Wechsel-Gerüchten umrankten Robert Lewandowski durchgehen wollte.

PIERRE-EMERICK AUBAMEYANG

Juli 2013: BVB-Trainer Jürgen Klopp (2. v. r.) präsentiert auf dem Trainingsgelände von Borussia Dortmund in Brackel die Neuzugänge Pierre-Emerick Aubameyang, Sokratis und Henrikh Mkhitaryan (v. l.).

Mit seinem berühmten Salto flog Pierre-Emerick Aubameyang vom ersten Spiel an in die Herzen der BVB-Fans

Aubameyangs perlmuttfarbener Lamborghini Aventador SVJ, gesehen im Juni 2021 in Mailand.

Kaum da, schon der erste Titel: Pierre-Emerick Aubameyang (m.) und der BVB setzten sich im Juli 2013 im DFL Supercup in Dortmund gegen den FC Bayern München (4:2) durch. Ganz rechts: Robert Lewandowski.

NUR IBRAHIMOVIC NOCH BESSER

Pierre-Emerick Aubameyang war beim Zeitpunkt seines Wechsels zu Borussia Dortmund nicht nur Insidern der französischen Ligue 1 ein Begriff. In Frankreichs Eliteliga hatte er für die AS Saint-Etienne 19-mal in 37 Saison-Spielen getroffen. Besser war unter den Torjägern der Saison 2012/2013 in Frankreich nur ein gewisser Zlatan Ibrahimovic von Paris Saint-Germain (siehe Kapitel »Ibrahimovic – Die zlatanischen Autos«), mit 30 Tor-Erfolgen.
Borussia Dortmund zahlte für die Dienste von Aubameyang am 4. Juli 2013 eine Ablösesumme von 13 Millionen Euro an Saint-Etienne. Eine Investition mit Weitblick für das Team von Trainer Jürgen Klopp. Die Saison 2013/2014 sollte die letzte von Robert Lewandowski beim westfälischen Bundesligisten werden. Trotz einer hartnäckigen Poker-Partie der BVB-Bosse wechselte der Pole am Ende ablösefrei zum Liga-Rivalen FC Bayern München.
Lewandowski verabschiedete sich mit 103 Toren aus 187 Pflichtspielen, zwei deutschen Meisterschaften, dem DFB-Pokal-Sieg 2012 gegen den FC Bayern (5:2) in Berlin mit drei Treffern und mit dem Titel des Torschützenkönigs 2014 (20 Treffer) aus Dortmund. Aubameyang und »Lewy« erzielten 2013/2014 gemeinsam 33 der 80 Dortmunder Saison-Tore. Als sich »Auba«, wie der am 18. Juni 1989 in Laval in Frankreich geborene Nationalspieler Gabuns genannt wird, 2018 vom BVB weg streikte, lag seine Bilanz bei 141 Pflichtspiel-Toren aus 213 Partien. Bis heute gilt: Für keinen anderen Verein traf Aubameyang in seiner Profi-Karriere häufiger.
Anders als der bodenständige, stets solide daherkommende und für Pragmatismus stehende Robert Lewandowski, brachte Pierre-Emerick Aubameyang den Glamour zur Borussia. Schräge Jubel-Nummern, coole Outfits, aber auch ein atemberaubender Auto-Park gehörten bei »Auba« zum Programm. Ein Paradiesvogel, wie ihn Borussia Dortmund seitdem nicht mehr in seinen Reihen hatte. »The Race is on!«, schrieb Aubameyang am 27. August 2016 bei Twitter nach einem mühevollen 2:1-Erfolg gegen Mainz 05 zum Saisonstart des BVB, »wenn Lewandowski vorrückt, werde ich ihn aufhalten.«
So wie er in der Bundesliga nun seinen Ex-Mitspieler Lewandowski im Rennen um die Torjägerkanone jagte – 2017 holte sich der Gabuner diese Trophäe und schoss die Schwarzgelben gegen Eintracht Frankfurt (2:1) auch zum DFB-Pokalsieg – war Aubameyang in seiner Profilaufbahn immer auch hinter hochpreisigen Autos her.

»THE RACE IS ON!«

2022, Aubameyang spielte inzwischen beim FC Barcelona, verriet der Stürmer der spanischen Sportzeitung Marca, dass seine Auto-Sammlung »noch nicht komplett sei.« Das mochte man mit Blick auf seine opulente Auto-Setlist kaum glauben. »Es gibt zwei Wagen, die ich wirklich liebe: Der Pagani Zonda und ein Koenigsegg. Mein Ziel ist es, beide Autos in meiner Kollektion zu haben.«
Der italienische Sportwagenhersteller Pagani baute den Supersportwagen Zonda C12 zwischen 1999 und 2017 in einer limitierten Auflage von 130 Stück. Entwickelt wurde der Sportwagen aber bereits seit Anfang der 1990er-Jahre und zwar unter Mithilfe des

AUBA
AUBA

HUMMELS
15
KEHL
5
EVONIK
Hermes

Mit seinem goldenen Audi R8 V10 besuchte Pierre-Emerick Aubameyang 2017 die Spielemesse gamescom in Köln. Er besuchte den Stand der Firma Konami und spielte Pro Evolution Soccer PES 2017.

1995 verstorbenen argentinischen Formel-1-Weltmeisters Juan Manuel Fangio, der ab 1974 auch Präsident der Mercedes-Benz Argentina S. A. war.
Ursprünglich sollte das Modell »Pagani Fangio 1« genannt werden, doch nach dem Tod des legendären Formel-1-Fahrers rückte man von diesen Plänen ab. Stattdessen wählte man den Namen Zonda, nach einem Föhnwind aus den argentinischen Anden. Die erste Variante des C12 debütierte 1999 auf dem Autosalon in Genf, bei einer jährlichen Fertigungskapazität von 17 Stück gehörte der Zonda zu den exklusivsten und auch teuersten Sportwagen seiner Klasse.
Als Antrieb wählte man ein brachiales 6,0-l-V12-Aggregat der Mercedes-Benz-Sporttochter AMG. Der Deal kam noch durch die anfängliche Vermittlung Fangios zu Stande. Nach dem Bau der fünf Exemplare umfassenden ersten Serie (354 PS, 290 km/h) wechselte man für den ab 2000 präsentierten Zonda C12S bereits auf eine 7,0-Liter-Maschine. Die Leistungssteigerung setzte sich bis zum Zonda Revolucion von 2013 fort, der sagenhafte 800 PS erreichte. Insgesamt wurden bis 2017 rund 130 Zonda gebaut.

Bei Koenigsegg aus dem südschwedischen Ängelholm braucht man nur den bereits auf der Homepage verankerten Begriff »Megacars« zu sehen, um zu wissen, dass diese Autos aus Schweden in der Aubameyang-Liga spielen. Das 1994 durch Petrolhead und Tiefkühlfleischhändler Christian von Koenigsegg gegründete Unternehmen ist bekannt für exquisite Sportwagen »Made in Sweden«. Typische Merkmale: Ein (mittlerweile komplett aus Karbon bestehendes) Monocoque-Chassis, der sensationelle zweiflächige Türmechanismus sowie das perfekt integrierte Targadach.
Aubameyang bleibt die Wahl aus einer Vielzahl an Modellen, etwa dem CC. In der Variante CC8S – zwischen 2002 und 2003 in nur sechs Exemplaren produziert – ist er der rarste Koenigsegg überhaupt. Die Schweden hatten aus einem 4,7-Liter-V8 von Ford ganze 655 PS heraus gekitzelt. In der Variante CCXR hatte ein CC er 2015 sogar einen Auftritt im siebten Teil der Fast & Furious-Reihe. Der im August 2022 vorgestellte CC850 gilt als eine Hommage an den CC8. Der 1185 PS leistende Supersportwagen ist auf 70 Exemplare limitiert und eines der stärksten Serien-Fahrzeuge mit Schaltgetriebe überhaupt.

Batman und Robin beim BVB: Aubameyang und Marco Reus (m.) dachten sich für das Revierderby gegen Schalke 04 (3:0) im Februar 2015 eine besondere Jubel-Variante aus.

Zukunftsweisender wäre noch der Gemera (»ge mera«, schwedisch für: »mehr geben«), 2020 präsentiert und seit 2024 in der Serienfertigung. Angetrieben wird der Plug-in-Hybrid von einem Zweiliter-Biturbo-Reihendreizylinder-Ottomotor mit 600 PS in Kombination mit einem 800 PS leistenden Elektromotor. Er ist zudem der erste Viersitzer im Koenigsegg-Sortiment, dennoch verfügt auch der auch Mega-GT genannte Gemera weiterhin über die typischen Scherentüren.

Klar, dass auch Aubameyang zum exklusiven Kreis der Koenigsegg- und Zonda-Besitzer gehören möchte. Als perfekt konnte er beide Auto-Transfers bis zur Drucklegung dieses Buches noch nicht melden, die Jagd ging also weiter…

Auf dem Rasen zählte der Stürmer zum elitären Kreis der Profis, die in allen fünf europäischen Top-Ligen spielten. In der Bundesliga beim BVB, in Spaniens La Liga für »Barca«, in der englischen Premier League beim FC Arsenal und kurzzeitig beim FC Chelsea (2022/2023, nur 15 Liga-Spiele), in Frankreichs Ligue 1 bei mehreren Vereinen wie OSC Lille, AS Monaco und AS Saint-Etienne sowie in Italien beim AC Milan – »Auba« wurde im Lauf seiner Karriere auch zum Wandervogel. Treffsicher und im Antritt so stark wie seine Sportautos auf der Piste – der AC Milan gab seine Zeit für einen 30-Meter-Sprint auf 3,75 Sekunden an – gewann er 2020 mit Arsenal den englischen FA Cup und 2023 mit »Barca« die spanische Meisterschaft.

»AUBA« UND DAS »BATMOBIL«

Aubameyang gehörte in Dortmund und London zu den Top-Verdienern. Bei den »Gunners« vom FC Arsenal soll sein wöchentliches Salär bei umgerechnet 414.000 Euro gelegen haben.

Das Portal Goal.com bezifferte die Summe, die der Stürmer für seine Auto-Flotte ausgab, auf mehrere Millionen Euro: »Seine Armada an Luxus-Autos spricht Bände.«

Im September 2023 gehörten unter anderen fünf Lamborghini, zwei Ferrari, ein Porsche und ein Bentley zur Aubameyang-Auto-Liga. Viele davon wurden eigens nach »Aubas« persönlichem Geschmack »verdelt«: Zwei seiner drei Lamborghini Urus SUV schimmerten in

Gold, ebenso wie der Aventador SVJ, für den er im Februar 2019 ein Wochengehalt hinblätterte – und den Wagen als Zeichen der optimalen Spielvorbereitung vor dem Heimspiel gegen den FC Southampton bei Twitter präsentierte.

LAMBORGHINI SORGT FÜR »SCHMETTERLINGE IM BAUCH«

Der Aventador SVJ wird vom Portal Lambocars.com als »Kronjuwel in Pierres Kollektion« bezeichnet. Aubameyang trieb die Dinge – wie einst in Dortmund beim Torjubel – bei diesem Wagen auf die Spitze, in dem er den Glamour des mehr als 700 PS-starken Boliden durch eine schillernde Perlmuttlackierung verstärkte.

Limitiert auf 11.465 Fahrzeuge, betrug die Wartezeit auf dieses Supercar ein Jahr. Ein spektakulärer Unfall fügte der Geschichte des Aventador eine weitere Fußnote hinzu: Beim Brand und dem nachfolgenden Untergang des Autotransportschiffes Felicity Ace 166 Kilometer westlich der Azoren Anfang 2022 wurden 15 Aventador der limitierten LP-780-4-Ultimae-Serie zerstört. Danach nahm Lamborghini nach der offiziellen Einstellung der Baureihe die Produktion nochmals auf und stellte im März 2023 das Nachfolgemodell Lamborghini Revuelto vor.

»DIE GESCHICHTE VON PIERRE-EMERICK AUBAMEYANG BEIM BVB WAR ÜBER MEHR ALS VIER JAHRE EINE EINZIGE ERFOLGSSTORY.« DORTMUNDS SPORTDIREKTOR MICHAEL ZORC BEI AUBAMEYANGS ABSCHIED, JANUAR 2018.

Der Ex-BVB-Star, der im November 2016 für das Champions-League-Spiel gegen Sporting Lissabon (1:0) von Trainer Thomas Tuchel aus dem Kader gestrichen und auf der Tribüne mit Hut und Mantel

Trotz seiner schnellen Autos (hier ein Aston Martin Vanquish Volante, Januar 2018) kam Aubameyang immer wieder zu spät zum Training. »Wer so ein schnelles Auto fährt und dennoch zu spät kommt, da stimmt was nicht«, war sich Weltmeister Olaf Thon sicher.

im Humphrey-Bogart-Stil gesichtet worden war, trennte sich allerdings 2017 von dem Auto.
Es stand im Dezember 2017, kurz vor Aubameyangs unrühmlichem Abschied vom BVB, zum Verkauf. Das Autohaus Elegance, ein in St. Peter (Dormagen) beheimatetes Privatunternehmen, präsentierte den schnittigen Flitzer, mit dem nur 36.154 Kilometer gefahren wurde, in seiner Ausstellungshalle. Der Bruttopreis für die im Oktober 2014 erstmals zugelassene Glitzerkutsche lag bei 279.000 Euro, 17.000 Klicks generierte das Autohaus über seine Homepage zu Aubameyangs Auto.
»Das verursacht Schmetterlinge im Bauch, selbst bei uns Verkäufern. Solche Autos sind immer mit Emotionen verbunden«, erzählte Ben Mayer vom Autohaus Elegance der Zeitung Rheinische Post. Fünfter Lamborghini im Team Aubameyang war ein Huracán Spyder, 630 PS stark. Er fuhr ihn ohne Radio. Bei Yiannimize, einem renommierten Auto-Tuning-Unternehmen mit mehreren Werkstätten in England, ließ der Fußballprofi seinen Spyder umlackieren, von Schwarz auf Silber mit Perlmutteffekt.

Im schwarzen Lamborghini zum BVB-Training: Die Extravaganzen des Pierre-Emerick Aubameyang.

IM ROVER WEG VOM BVB

Auch einen Lamborghini Urus ließ sich »Auba« beim Veredler Yiannimize aufhübschen – in schwarz, inklusive einer dezenten weißen Marmorierung auf der Karosserie. »Batman«-Fan Aubameyang, der in Dortmund auch mal gemeinsam mit BVB-Idol Marco Reus in der Verkleidung des berühmten Filmhelden ein Tor bejubelte, nannte seinen schwarzen Urus danach einfach das »Batmobil«.

Die Redaktion von Lambocars.com ist sicher: »Aubameyangs Liebe zu Lamborghini ist mehr als nur eine Sammlung, es ist ein Statement. Seine Auto-Auswahl zeugt wie die Stationen seiner Karriere als Profi von Leidenschaft, Drive und unstillbarem Durst, der Beste sein zu wollen. Ob auf dem Feld oder auf der Straße – Pierre-Emerick Aubameyang weiß, wie man ins Schwarze trifft.« Absolut.

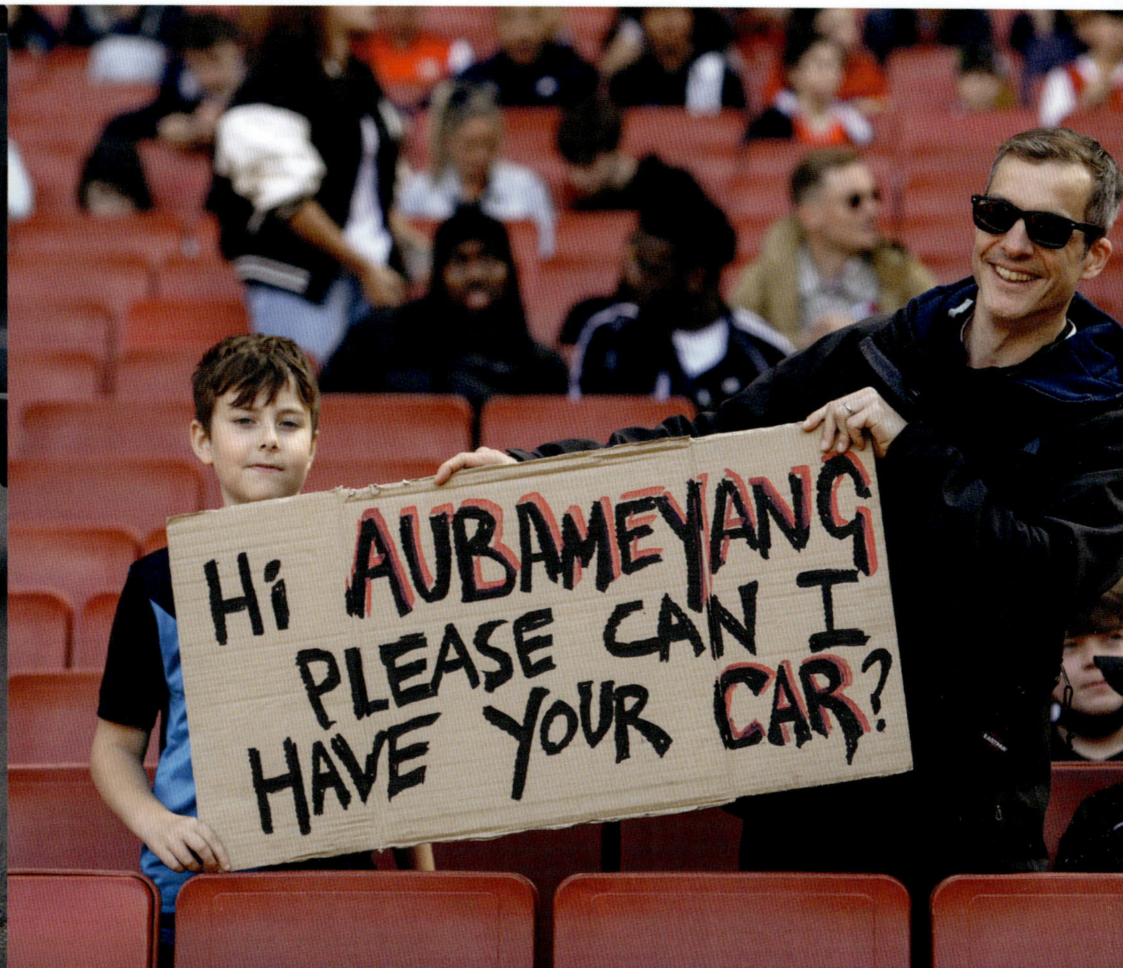

»Hi Aubameyang, kann ich bitte dein Auto haben?« - Arsenal-Fans begrüßen »Auba« mit britischem Humor im Emirates Stadium.

Aubameyang im goldfarbenen Lamborghini Urus...

Weitere Sportwagen, die er sich leistete, waren beispielsweise ein Aston Martin DB9 Volante, ein Porsche Panamera Turbo Techart sowie einen Ferrari 812 Superfast, mit dem er in seiner Zeit beim FC Arsenal mit 789 PS unter der Haube durch London fuhr, und einen LaFerrari. Für letzteren soll Aubameyang 2,3 Millionen Euro bezahlt haben. Der edle Italiener wurde in nur 499 Exemplaren produziert. Im März 2016 – Aubameyang spielte noch beim BVB – wurde der Porsche Panamera in Gold mit dem Kennzeichen DO – PE 7979 bei Twitter publik gemacht. »Nur« 100.000 Euro zahlte Aubameyang für einen Range Rover Sport SVR. Der (natürlich) goldfarbene Brite stand für eine betrübliche Episode in Aubameyangs Auto-Biografie, fuhr er doch damit mit seiner Familie am 30. Januar 2018 zum Dortmunder Flughafen, um sich dem FC Arsenal anzuschließen.

63,75 Millionen Euro Ablöse erhielt die Borussia bei seinem Abgang. Nur den französischen Rechtsaußen Ousmane Dembélé (für 135 Millionen. Euro zum FC Barcelona) hatte der DFB-Pokalsieger von 2017 bis zu diesem Zeitpunkt teurer abgegeben.

Flog Aubameyang 2013 per Salto in die Herzen der Fans, so wurde es kurz vor Ende der Winter-Transferperiode und nach dem Trainingsstreik des abwanderungswilligen Profis ein Abschied durch die kalte Küche. Eigentlich schade.

MARIO BALOTELLI

»WHY ALWAYS ME?« – DIE BALLA-BALLA-AUTOFLOTTE

Kaum ein Spieler kam im modernen Fußball seit den 2010er-Jahren auf eine höhere Skandaldichte als Mario Balotelli. Der italienische Nationalspieler und Vize-Europameister von 2012 schwelgte im Luxus – und pflegte eine, gelinde gesagt, eigenwillige Beziehung zu hochpreisigen Autos und neigte zu einer freien Interpretation von Verkehrsregeln…

Erst Konföderationen-Cup, dann Urlaub mit den Frauen. Man beachte die Reihenfolge. Das jedenfalls war im Sommer 2013 der Plan zweier Spaßvögel namens Mario Balotelli und Neymar Junior. Nach der Generalprobe für die Weltmeisterschaft 2014 in Brasilien, dem Pokal der FIFA-Konföderationen, den praktischerweise die gastgebende »Seleção« gewann, hielten sich die beiden Freunde an das nach einem großen Turnier immer präsente Motto von Oliver Bierhoff: »Wir freuen uns alle auf zuhause. Jetzt geht's erst mal weit weg.« Was von dem Urlaub mit Balotelli und Neymar 2013 zu erwarten war, ließ sich aus kulturpessimistischer Sicht leicht einschätzen. »Nossa, Nossa« (Michael Telo) oder »Bunga Bunga«, frei nach Silvio Berlusconi, für dessen AC Milan auch Balotelli ab 2013 für eine

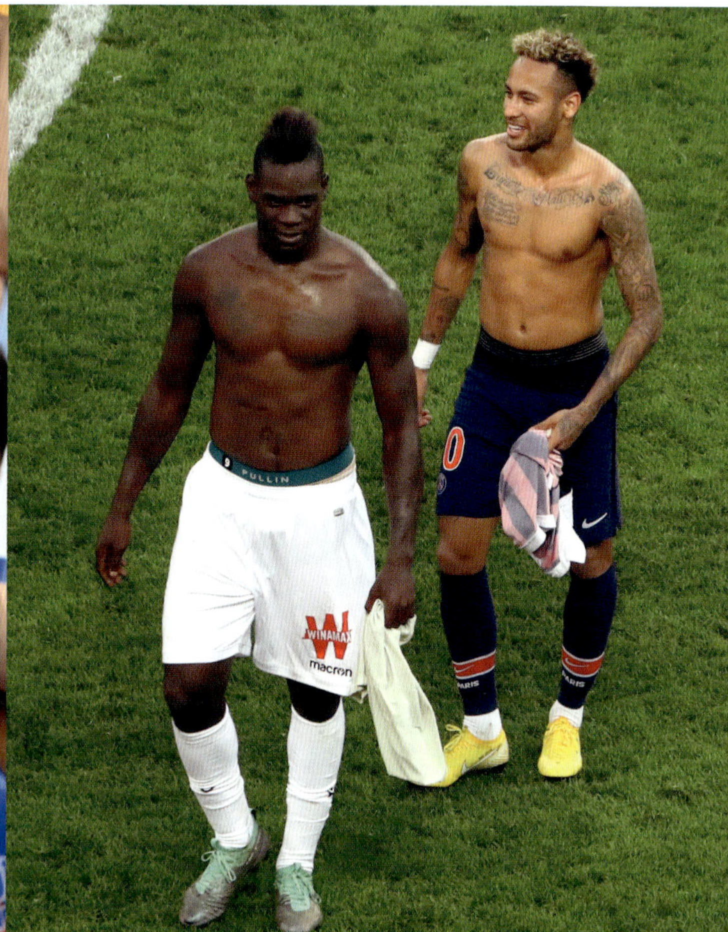

Fanny Neguesha, die Ex-Freundin von Mario Balotelli, mit Italien-Trikot.

Balotelli und Neymar nach einem Ligue-1-Spiel in Frankreich zwischen OGC Nizza und Paris Saint-Germain im September 2018.

Saison auflief? Wahrscheinlich beides! Balotelli und Neymar – kennengelernt hatten sich die beiden auf den ersten Blick so ähnlich erscheinenden Fußballstars – sie lieben beide den Luxus – im März 2013 während eines Freundschaftsspiels Brasilien gegen Italien in Genf.
Nun ging es nicht mal drei Monate später in den gemeinsamen Urlaub nach Balneário Camboriú im Süden Brasiliens. 1.898 Hochhäuser und ein acht Kilometer langer Sandstrand luden durchaus zum Verweilen an. Alle übrigen Extras entnehmen Sie bitte den Urlaubsprospekten.
Mit dabei: Balotellis Lebenspartnerin Fanny Neguesha, mit der er 2024 allerdings nicht mehr zusammen war, und die neue Freundin von Neymar, Bruna Marquezine. »Ich kenne Bruna nicht«, sagte Fanny damals vor dem Abflug nach Brasilien, »aber ich werde Gelegenheit dazu haben.« Ja, da wurde es aber mal langsam Zeit!

NEYMAR: MIT ACHT AUTOS ZUM GOLF

Warum erzählen wir das alles? Weil zu einem gepflegten All-inclusive-Urlaub zweier Fußballstars, die auch bei YouTube für jede Menge Klick-Hits gut waren und immer noch gut sind, schöne Frauen und schnelle Autos einfach dazu gehören.
Beispiel Neymar: Nach seinem – bis heute – teuersten Transfer der Fußballgeschichte von Barcelona zu Paris Saint-Germain für 222 Millionen Euro im Jahr 2017 und 14 Titeln mit PSG wechselte er 2023 zu Al-Hilal in die Saudi Pro League, dem neuen Netto-Paradies für Fußballprofis. Neymar sollte das Engagement am Persischen Golf

»ÜBER MARIO KÖNNTE ICH EIN BUCH SCHREIBEN. ES WÄRE DIE REINSTE COMEDY.«
JOSÉ MOURINHO, TRAINER VON BALOTELLI BEI INTER MAILAND.

in zwei Vertragsjahren kolportierte 350 Millionen Euro einbringen. Und er bestellte sich acht Autos nach Saudi-Arabien. Einen Mercedes Van, mit dem er und seine Familie sich möglichst unauffällig in Riyad bewegen konnten, klar. Der gehörte zum Inventar.
Dann aber folgte Auto-technisch die schwere Artillerie. Ein Mercedes der G-Klasse, ein luxuriöser SUV, wie ihn viele Fußballprofis fahren, und weil der Trend zum Zweit-SUV geht, noch ein Aston

Einer der größten Erfolge des Mario Balotelli: Triple-Sieger mit Inter Mailand 2010, im Bild küsst er den italienischen Pokal.

Martin DBX. Ebenfalls importiert wurden ein Lamborghini Huracán und ein Bentley Continental GT. Insgesamt holte Neymar Autos im Wert von 1,5 Millionen Euro, die von Al-Hilal natürlich auf die Gesamtkosten des Transfers gerechnet wurden, nach Saudi-Arabien. Bei Balotelli und Neymar jr. gilt aber auch – frei nach Dieter Thomas Heck: »Musik muss dabei sein.«

Neymar erlangte vor seinem 57 Millionen Euro teuren Wechsel von Pelé-Klub FC Santos (2013) zum FC Barcelona unter anderem durch eine Tanzeinlage zu Michael Telós Hit »Ai Se Eu Te Pego!« (Nossa, Nossa) in der Santos-Kabine Internet-Berühmtheit. Mario Balotelli wurde 2017 von Sam Kramer mit »Why always me? Like I'm Balotelli (telli-telli-telli)« besungen. Obwohl Balotelli – und das ist eigentlich schade – selbst noch nicht zur Klampfe griff, wurde er 2012 für den in London zu vergebenen Musik-Award Kerrang! nominiert. Und das in der Kategorie »Held des Jahres«.

Das passierte logischerweise nicht aus musikalischen Gründen. Sondern durch seine Meisterschaft mit Manchester City in der englischen Premier League. Im Fallen hatte der Italiener im Saisonfi-

Der tarnfarbene Bentley Continental GT Supersport wurde in England als »Auto-Verbrechen« gegeißelt... Louis de Funes würde an dieser Stelle sagen: »Abscheißlich!«
Unten: Der Balla-Balla-Bentley von Balotelli auf dem Trainingsgelände von Manchester City.

nale gegen die Queens Park Rangers (3:2) den Ball irgendwie zum Argentinier Sergio Agüero gespitzelt, der in der vierten Minute der Nachspielzeit zum 3:2-Sieg für die »Skyblues« traf – und ihnen den ersten Meistertitel nach 44 Jahren brachte. Diese Partie mit Balotelli und völlig aufgelösten Fans im Etihad Stadium gehört bis heute zu den größten Spielen, die der Autor in mehr als 20 Jahren mit der Premier League redaktionell begleiten durfte.

2012 gelang Balotelli auch sein größter Erfolg im Nationaltrikot Italiens, das er 36-mal überstreifte. Vize-Europameister bei der Endrunde in Polen und der Ukraine – und nach zwei Toren gegen Deutschland im Halbfinale (2:1) in Warschau mit einer anschließenden Bodybuilder-Jubelpose, die zum Internet-Hit wurde. Balotelli, die Spaß-Maschine.

Spaß in Kombination mit der italienischen Nationalmannschaft (»Squadra Azzurra«) und der Serie A gab es in dieser Dimension erst ab 2010, nachdem Mario Barwuah Balotelli, Sohn ghanaischer Migranten, mitmischte. Mit Inter Mailand hatte der auf dem Platz und außerhalb so unberechenbare Stürmer zuvor das Triple mit der italienischen Meisterschaft (Scudetto), dem nationalen Pokal (Coppa Italia) und der Champions League gewonnen.

Der damalige Inter-Mailand-Erfolgstrainer José Mourinho ist sich bis heute sicher: »Über Mario und die zwei Jahre mit ihm bei Inter könnte ich ein 200-seitiges Buch schreiben. Es wäre die reinste Comedy.«

2010 fuhr Mario Balotelli einen mattschwarzen Audi R8.

»CARS AGAINST HUMANITY«

Bizarr war es mit Balotelli oft, aber nicht immer witzig. So wurde er im August 2023 – inzwischen bei Adana Demirspor in der türkischen Süper Lig unter Vertrag – von der britischen Boulevardzeitung The Sun in die Elf der Fußballstars aufgenommen, die sich durch »Auto-Sünden« (Cars against Humanity) hervorgetan hatten: »Typen wie Balotelli, Stephen Ireland oder Djibril Cissé haben regelrechte Verbrechen an Autos begangen.«

Das Blatt zeigte Balotelli und die weiteren Bösewichter: Stephen Ireland, ehemaliger Profi von Manchester City und Aston Villa, wurde wegen seines Range Rover mit pinkfarbenen Felgen an den Auto-Pranger gestellt. Cissé, Champions-League-Sieger 2005 mit dem FC Liverpool, ließ die Sitze seines Cadillac Escalade mit Python-Muster beziehen.

William Gallas, ehemals FC Arsenal und Chelsea, fuhr mit einem 250.000 Euro teuren Mercedes McLaren SLR in Chrome und mit deutschem Kennzeichen durch London und wurde für diese fahrende Disco-Kugel ebenso abgekanzelt wie Balotelli.

»Balotelli has balls«, stellte The Sun fest, Balotelli hat Eier – und zwar mit Blick auf seinen Bentley in olivgrünem Military-Muster. »Der kontroverse Stürmer, der einst auf einem T-Shirt ›Why always me?‹ fragte«, schrieb The Sun, »und sein tarnfarbener Bentley erregten in Manchester immer Aufsehen.«

»ZWEI TORE – UND DU KRIEGST DIE AUTOSCHLÜSSEL«

Der Bentley ist Teil der Balla-Balla-Autoflotte, die sich der bereits mit 16 Jahren (2006) im italienischen Profifußball eingesetzte Balotelli zusammen gekickt hatte. Rauschen wir durch die Auto-Biografie des Mario Balotelli: Am Steuer wirkt der Italiener nicht immer sicher. Vielleicht lenkten ihn am Lenkrad auch die Urlaubsplanung mit Neymar oder der nächste Transfer zu sehr ab…

Die Auto-Akte des Mario Balotelli ist lang. In seiner Zeit bei Manchester City (2010 bis 2013) baute er im Stadtzentrum der nordwestenglischen Metropole mit seinem Bentley einen Unfall, bei dem

Luxus-Sportwagen von Ferrari sind bei Balotelli gesetzt, hier 2014 im nagelneuen F12 Berlinetta. Später kam noch eine mattschwarz-folierte Rallye-Kontrastfläche dazu.

Balotelli verlor 2023 seinen Führerschein.

Ab 2006 wurde Mario Balotelli bei Inter Mailand ausgebildet.

eine Frau verletzt wurde. Selbst sein Berater Carmine »Mino« Raiola war vor Balotellis Fahrkünsten nicht sicher. 2016 setzte Balotelli in Nizza im Anschluss an seine zwei Treffer gegen Olympique Marseille den Bentley des Spielerberaters an einen Laternenmast. Raiola hatte Balotelli vor dem Spiel einen riskanten Deal angeboten: »Zwei Tore – und du kannst die Schlüssel zu meinem Bentley haben. Er nahm den Wagen dann mit zu einer Club-Diskothek und rammte eine Straßenlaterne. Aber ich habe ihm verziehen.« In seine Zeit in Nizza fiel auch ein illegales Straßenrennen mit Balotelli in Padua, welches er in seinem 605 PS starken Ferrari 458 fuhr.

2021 wurde der Wagen im Zentrum von Lugano vor einem Europapokalspiel des AC Milan, mutmaßlich von wütenden Fans der »Rossoneri« mit Klopapier umwickelt. Balotelli war als Tribünengast in der Schweiz, wollte sich angeblich eine Kuckucksuhr kaufen – und lehnte alle Autogrammwünsche der Milan-Anhänger brüsk ab.

Mario Balotelli hat bis heute einen Stammplatz bei den Pressekonferenzen der Verkehrspolizei. Bei Inter Mailand geriet er mit Tempo 300 in eine Radarkontrolle, in Manchester wurden seine Autos 27-mal abgeschleppt. Das von ihm bezahlte Bußgeld soll in England bei mehr als 11.400 Euro gelegen haben.

2023: »DER LETZTE FUSSGÄNGER«

Im November 2023 zerlegte Balotelli den nächsten Wagen. Es war sein Audi Q8, einem 435 PS starken SUV. Es war bereits sein vierter Crash in einem Luxusauto.

Um Mario Balotellis Q8 noch einmal einzusetzen, brauchte es Zeit. Der Wagen war stark beschädigt. Der unverletzte, aber taumelnde Fußballstar verweigerte der Polizei anschließend die obligate Alkoholkontrolle. Die Folge: Balotelli wechselte zum Fanclub »Der letzte Fußgänger.«

Seit 2011 gehörte auch ein Maserati GranTurismo MC Stradale, Kaufpreis: 143.850 US-Dollar, zu Balotellis Fuhrpark. In Deutschland waren 2023 nur 41 Autos dieses Typs zugelassen.

DER HOBBY-AUTOHÄNDLER

Zur Sonderausstattung bei Balotelli kam Ende 2012 noch ein besonderes Navigationssystem dazu. Es ist das beste und teuerste Navi, das man sich denken kann. Jedenfalls vorübergehend.

»Aus Angst, sich mit seinem Maserati GT auf dem Weg ins 320

Kilometer entfernte London zu verirren, bestellte der Italiener lieber ein Taxi – und ließ es vor sich herfahren«, schrieb AUTO BILD über den Profi von Manchester City. Kosten für das »menschliche Navi«: Rund 2.000 Euro für Hin- und Rückfahrt. 2012 lag Balotellis Wochensalär bei den »Cityzens« bei kolportierten 150.000 Euro.

Bei dem außerhalb der Türkei wenig bekannten Klub Adana Demirspor, für den er bereits 2021/2022 spielte, verdiente Balotelli laut capology.com deutlich weniger – 64.000 Euro pro Woche. In die Auto-Sinnkrise schleuderte er im April 2023, während seines Intermezzos beim FC Sion in der Schweiz. Kaum zu glauben: »Super Mario« kündigte an, einen Teil seiner Flotte zu verkaufen. Im April 2023 vermeldete die britische Zeitung Daily Mail zwei spektakuläre Auto-Transfers von Balotelli. Er wolle einige seiner »Supercars« loswerden, hieß es.

Ein strahlender Balotelli als Beifahrer von Inter-Teamkollege Davide Santon im Juni 2010 in Mailand.

Balotelli feiert in Wembley mit einem originallen Fan-Hut von Manchester City.

José Mourinho (r.) galt als Mentor von Mario Balotelli bei Inter Mailand.

Im Juni 2021 wurde Balotelli in seinem neuen Mercedes V8 AMG S63 beim Shopping in Mailand gesichtet.

Mario Balotelli war und ist ein unberechenbarer Spaß-Fußballer.

Während seiner Zeit beim FC Sion in der Schweiz 2022/2023 – eine von elf Profi-Stationen ab 2006 – gab Balotelli der Boulevardzeitung BLICK Auskunft über seine Auto-Flotte. »In meiner Garage habe ich noch einen RSQ8, 500 Abarth und GTR Nismo Nissan mit 1.400 PS. Den Abarth verkaufe ich jetzt aber auch noch.«

Eben jenen FIAT 500 Abarth Kleinwagen, den ein Freund von Balotelli am 1. Januar 2020 in Brescia – er spielte damals für den lombardischen Klub, bei dem auch Roberto Baggio, Pep Guardiola, Andrea Pirlo und der slowakische Fußball-Punk Marek Hamsik unter Vertrag standen – ohne viel Federlesen in eine Bäckerei gejagt hatte. Der Maestro saß auf dem Beifahrersitz. Der Wagen ist für Balotelli-Verhältnisse ebenso ungewöhnlich wie die beschriebene Episode. Denn normalerweise fährt Balotelli selbst –und das eher mit großem Hubraum.

Andererseits gilt der 2007 von den Turinern im Markt eingeführten 500 als »Lifestyle-Produkt«. Insofern passte er im Umkehrschluss dann doch wieder zu Balotelli. Abgeschlossen hatte der Hobby-Autohändler aus Italien diese Deals 2024 noch nicht. Aber bei Balotelli weiß man nie.

FRANZ BECKENBAUER & GÜNTER NETZER

RAMBA-ZAMBA-AUTOS

Günter Netzer war in den 1970er-Jahren der erste Fußball-Popstar des deutschen Fußballs, prägte die goldene Ära der Nationalmannschaft mit dem Gewinn der Europameisterschaft 1972 und der Weltmeisterschaft 1974 im eigenen Land. Und er hatte ein Faible für schnelle Autos.

München, Allianz Arena, 19. Januar 2024. Du brauchtest in diesen stillen Minuten nur das verweinte Gesicht von Paul Breitner zu sehen, um zu wissen, was für ein Verlust der Tod von Franz Beckenbauer am 7. Januar 2024 für jeden Fußballfan war.

Breitner, Weltmeister, Vereinskollege und Weggefährte, führte die Reihe der verdienten Spieler an, die zur Eröffnung der Trauerfeier für Franz Beckenbauer, der das Hamburger Abendblatt 2024 in der Collector's Edition Franz Beckenbauer 1945 – 2024 »Züge eines Staatsaktes« zuschrieb, einmarschierten und Rosen niederlegten. In dieser Reihe, zwischen Lothar Matthäus und dem wenige Wochen später mit nur 63 Jahren verstorbenen Andreas Brehme mit eisiger Miene: Günter Netzer.

Netzer und Beckenbauer hatten, jeder auf seine Art, die erfolgreichste Ära des deutschen Fußballs geprägt. Franz, der »Kaiser«. Netzer, der erste Fußballpopstar. Zu Beginn der 1970er-Jahre veränderten beide das Image des Sports nachhaltig. »Franz Beckenbauer«, erklärte Paul Breitner, »hat den Fußball in Deutschland salonfähig gemacht.«

Günter Netzer beendete 1977 seine aktive Fußballkarriere bei Grasshopper Zürich und wurde ein Jahr später Manager beim HSV.

Das Jahr 1972 war eines der erfolgreichsten für die deutsche Nationalmannschaft und Günter Netzer, hier vor dem Länderspiel gegen Ungarn in Budapest (2:0) im März 1972. Von links: Uli Hoeneß, Paul Breitner, Heinz Flohe, Horst-Dieter Höttges, Günter Netzer, Herbert Wimmer, Gerd Müller, Jupp Heynckes, Georg Schwarzenbeck, Sepp Maier und Kapitän Franz Beckenbauer.

Netzer wurde spätestens ab 1972 und vor der erfolgreichen Europameisterschaft in Belgien mehr als nur gefeiert. Er wurde literarisiert. »Der aus der Tiefe des Raumes plötzlich vorstoßende Netzer hatte Thrill«, schrieb damalige Kulturchef Karl-Heinz Bohrer 1973 in der Frankfurter Allgemeinen Zeitung (F. A. Z.) über das Wembley-Spiel. »Aus der Tiefe des Raumes« gilt heute als geflügeltes Wort.
Bestes Beispiel war der 3:1-Erfolg gegen England im Londoner Fußball-Tempel am 28. April 1972. SPORT BILD kürte diese Partie in London im Jahr 2011 zum »größten deutschen Länderspiel aller Zeiten.« Nicht ohne Grund: »Das Spiel in London setzte auch literarische Maßstäbe«, würdigt das Kicker-Sportmagazin 2022 diese epochale Partie zum 50-jährigen Jubiläum, »allerdings erst über ein Jahr später.«

»FÜNF STÜCK WÄREN EINE ECHTE SENSATION«

Vor dem Spiel hatten die Deutschen, die ohne die verletzten Berti Vogts, Wolfgang Overath oder Karl-Heinz Schnellinger auskommen mussten, eher Manschetten. »Ich habe neben Franz Beckenbauer in der Kabine gesessen«, verriet Günter Netzer der BILD am SONNTAG anlässlich des 50. Jubiläums, »ich habe gesagt: Wenn wir heute hier fünf Stück kriegen, ist das schon eine echte Sensation.«
Mit der Taktik, wonach Beckenbauer bei Vorstößen ins Mittelfeld von seinem Freund Günter Netzer auf der Libero-Position abgelöst wurde, verwirrte die deutsche Mannschaft die Engländer. Im Spiel der Wembley-Elf, so ermittelten Sportwissenschaftler aus Köln im Auftrag des Fußball-Magazins 11 FREUNDE, hatte Günter Netzer 99 Aktionen am Ball, davon 88 Offensivaktionen und spielte 64 erfolgreiche Pässe: Jeweiliger Höchstwert aller Spieler. Allein 20-mal spielten sich dabei Netzer und Beckenbauer den Ball zu. Für Netzer war dennoch klar: »Dieses Spiel in Wembley ist aus dem Nichts geboren.«
Frankreichs Fußball-Bibel L'Equipe sah (etwas verfrüht) »Traumfußball aus dem Jahr 2000.« – »Ramba-Zamba«, betitele BILD komplett ebenso euphorisiert wie simpel diesen genialen Schachzug. »Ramba-Zamba – Dieser Begriff begleitet mich bis heute«, sagte Netzer 2022.
Günter Netzer – Er wusste früh, wie das Spiel funktioniert: »Am Samstag stehen elf Geschäftsleute auf dem Platz, von denen jeder

Günter Netzer und Formel-1-Pilot Clay Regazzoni, der sich beim Grand Prix 1978 in Argentinien mit einem besonderen Sonnenhut schützt.

Günter Netzer hatte eine Vorliebe für Ferrari-Sportwagen, hier mit 512BB (links) und 365 GTB/4.

Als einer der ersten Ex-Nationalspieler agierte Günter Netzer (ganz rechts, mit Moderator Ulli Potofski, Uwe Kamps, Andreas Möller und Pierre Littbarski) als TV-Experte, wie hier in der RTL-Fußballshow »Anpfiff«.

Günter Netzer und seine Ferrari-Flotte: Um 1974 posierte er mit dem Dino 246 GT (links), Ende der 1970er-Jahre sehen wir ihn vor dem Ferrari 512 BB und rechts mit Miniatur-Modellen des italienischen Autokonzerns.

seine eigenen Interessen vertritt. Sie suchen zusammen den Erfolg.«

Geschäftstüchtig agierte Netzer bereits als Jungprofi. Er gab schon seit 1965 die Stadionzeitung von Borussia Mönchengladbach, das »Fohlen-Echo«, heraus. Die »Fohlen-Elf«, so wurde die vornehmlich aus eigenen Talenten wie Netzer, Berti Vogts oder Jupp Heynckes bestehende Erfolgsmannschaft der Gladbacher genannt, weil sie ungestüm, unbekümmert und enorm spielfreudig war.

NETZER IM FERRARI: »EIN HAUCH VON HOLLYWOOD«

Der absolute Superstar der Mannschaft war Günter Netzer. Er suchte die Machtprobe mit seinem Trainer und Ziehvater Hans »Hennes« Weisweiler und wechselte sich in einem unbeobachteten Moment

> »ABSEITS IST, WENN DAS BLONDE ARSCHLOCH ZU SPÄT ABSPIELT.«
> HENNES WEISWEILER ÜBER GÜNTER NETZER.

im DFB-Pokal-Finale 1973 gegen den 1. FC Köln (2:1 n. V.) in seinem letzten Spiel vor seinem Wechsel zu Real Madrid selbst ein. Wenig später erzielte er das Siegtor. »So etwas gab es nie und wird es in den nächsten 100 Jahren nicht mehr geben, dass sich ein Spieler so unverschämt benimmt wie ich damals«, sagte Netzer selbst dazu. Eine legendäre Episode.

Als legendär gilt jedoch auch Netzers Vorliebe für die Marke Ferrari – rund 20 Exemplare soll er im Laufe der Jahre gefahren haben. Dazu gehörten die Modelle Dino 246 GT, Daytona und der 512 Berlinetta, den er sich für kolportierte (umgerechnete) 53.000 Euro noch zu seiner aktiven Zeit als Fußballprofi leistete. »Der damalige Ferrari Dino 246 GT von Günter Netzer war da jedoch schon spektakulärer. Ein Hauch Hollywood umwehte die Netzer'sche Pose auf dem liebsten Spielzeug. Steve McQueen oder James Dean (siehe Reihe »Motorlegenden«) hatten es nicht cooler drauf«, so sportinsider.wordpress.com (2014), »Günter Netzer musste sich nicht verstecken. In der heutigen doch eher angepasst daherkommenden Spielergeneration fällt mir ad hoc kein Akteur ein, der nur annähernd in die Fußstapfen von Netzer in Sachen Image und Symbiose mit schnellen, charakteristischen Autos treten könnte.«

BERNABÉUS CHAUFFEUR ÜBERFÜHRTE NETZER-FERRARI

Zur Modell-Familie 365 gehörte auch der schwarze Ferrari Daytona, in dem Netzer in seiner Gladbacher Zeit oft abgelichtet wurde.

Bei Real Madrid musste Netzer aber auf den Wagen verzichten. Er tauschte ihn ab 1973 gegen einen Mini Cooper ein. Das erzählte der geniale Spielmacher 2009 in einen WELT-Interview: »Schickimicki spielte da keine Rolle. Nein, den Ferrari hätte ich als aus-

ländischer Arbeitnehmer privat gar nicht einführen dürfen, das wusste ich aber nicht. Deswegen musste der Wagen auch ganz schnell wieder außer Landes gebracht werden, vom Fahrer vom Bernabéu (Santiago Bernabéu, führte Real Madrid von 1943 bis 1978, seit 1955 Namensgeber des Stadions Nuevo Estadio Chamartin, d. Autor) übrigens, dem legendären Präsidenten von Real Madrid. In drei Tagen ist der mit meinem Ferrari von Madrid zurück nach Gladbach gefahren. Der Fahrer war schon ein wenig älter, ich glaube, das hat dem Ferrari nicht gutgetan, wie der gefahren ist.«
Über den Mini Cooper sagte Netzer: »Ich habe den Mini aber nicht unter sportlichen Gesichtspunkten gekauft, seine Zweckmäßigkeit war mir viel wichtiger. Dass er eben klein war, gut zu handhaben,

Links oben: Günter Netzer und Schauspiel-Legende Hardy Krüger 1975 bei den Dreharbeiten in Madrid zum Spielfilm »Potato Fritz«, vor Krügers Mercedes-Benz.

Links unten: »Wetten, dass..?« Günter Netzer im Jaguar E-Type zu Thomas Gottschalk kommt?

Ein zeitloses Idol: Günter Netzer, der erste deutsche Fußball-Popstar, hier mit Ferrari Dino 246.

dass man leicht einen Parkplatz fand, das waren die Prioritäten, die ich an dieses Auto gestellt hatte. In Madrid gab es so viel Verkehr, wie ich es noch nie erlebt hatte. Ich habe damals zum ersten Mal in einer Weltstadt gelebt.«

Bei auto motor und sport verriet Günter Netzer 2018, dass er seine Gattin Elvira, »künftig nicht mehr im Ferrari mitfahren« lasse. Netzer: »Ferrari-Fahren mit ihr kostet auch mich einfach zu viel Nerven.« Einen anderen Sportwagen verkaufte er an Franz Beckenbauer ...

DER TAG, AN DEM GÜNTER NETZER SEINEM FREUND FRANZ EINMAL EIN AUTO VERKAUFTE

Es war ein Jaguar E-Type (siehe dazu auch Kapitel Kevin Keegan – Der Auto-King vom HSV), wie ihn auch der nicht minder von Legenden umwitterte George Best fuhr. Der britische Sportwagen, der schon 1958 als Prototyp E1A seine Runden drehte, schaffte es 1960 auch auf die Rennstrecke und wurde von dem US-amerikanischen Fahrer Briggs Cunningham in den Jahren 1962 und 1963 auch beim 24-Stunden-Rennen von Le Mans gefahren.

Eben jener Jaguar Roadster (4,2 Liter) sorgte 1968 für einen Zoff der Männerfreunde Beckenbauer und Netzer. Für umgerechnet 5.000 Euro verkaufte Netzer die Mühle an Beckenbauer, der sich zunächst kaiserlich freute.

Diese Freude schlug aber sehr rasch in Missstimmung um. »Beckenbauer«, verriet Netzer in einem Interview im September 2020, »rief mich wütend an und beschwerte sich. In den Wagen würde es rein regnen und die Bremsen seien defekt.«

Netzer: *»Franz, was willst du? Das ist ein englisches Auto.«*

Beckenbauer: *»Du bist ein Betrüger!«*

Netzer: *»Du bist ein Ignorant!«*

Kurz darauf brachen beide in schallendes Gelächter aus.

Beckenbauer ging in die Offensive – und verkaufte den Wagen an seinen Nationalmannschaftskollegen Wolfgang Overath vom 1. FC Köln weiter. In das 2015 eröffnete Deutsche Fußball-Museum in

»FRANZ, DAS IST EIN ENGLISCHES AUTO!«
GÜNTER NETZER ZU FRANZ BECKENBAUER UND DEM BERÜHMTEN JAGUAR E-TYPE

Dortmund schaffte es der Jaguar von Günter Netzer allerdings nicht. Aus logistischen Gründen – der Lastenaufzug war für den Wagen zu klein.

Die Autos des Franz Beckenbauer. Einer der ersten Sponsoren des aufstrebenden Jungprofis, der zwischen 1964 und bis zu seinem Abschied 1977 zu Cosmos New York insgesamt 396 Bundesliga-Spiele für den FC Bayern München machte, war 1963 der Starnberger Fleischfabrikant Rudolf Houdek, der Beckenbauers erste Wohnung

und sein erstes Auto, einen gebrauchten Mercedes-Benz, für umgerechnet 2.500 Euro finanzierte.
Im EM-Jahr 1972 fuhr Beckenbauer kurzzeitig einen BMW 2800 CS. Ein Foto zeigte ihn mit dem Wagen auf dem Trainingsgelände des FC Bayern München an der Säbener Straße. Die italienische Sportzeitung Gazzetta dello Sport datierte das BMW-Bild auf das Jahr 1969.
Ehe Beckenbauer 1977 zu Cosmos New York ging, wo er am Central Park Nachbar von Ex-Beatle John Winston Ono Lennon war, trennte er sich von dem BMW.

BECKENBAUERS BENZ: GUTE FREUNDE KANN NIEMAND TRENNEN…

»Münchner G' schichten« zu den Autos von Franz Beckenbauer gibt es viele. Die vielleicht schönste fand im Juli 2021 ein Happy End. Sie ging frei nach Beckenbauers im Dezember 1966 erschienenen Single »Gute Freunde kann niemand trennen.«
Nach 44 Jahren kehrte der 1976 von ihm gekaufte und weiter veräußerte Mercedes 450 SEL 6.9 zu Franz Beckenbauer, der inzwischen in Salzburg lebte, zurück.
Die Stempel im originalen Fahrzeugbrief waren nach 44 Jahren verblasst, als Thomas Franz vom Autosalon Isartal das Dokument 2020 nicht ohne Stolz zeigte. Der Fahrzeugbrief stammte vom 10. Juni 1976, also kurz vor dem Start von Beckenbauers letzter Saison beim FC Bayern, das Kennzeichen lautete M-E 9112. »Franz Beckenbauer, 8022 Grünwald« war in Schreibmaschinenschrift noch bestens lesbar. Im Münchner Nobel-Vorort, wo auch andere Bayern-Granden wie Karl-Heinz Rummenigge lebten, wohnte er seit 1971.
1976 hatte man dem Mann, der die Position »Libero« praktisch erfunden hatte, und der mit seiner Nonchalance und seiner unschlagbaren Fan-Nähe absoluter Publikumsliebling bei den Münchnern war, am Gardasee einen weißen Mercedes 300 SEL 6.3 gestohlen. Beckenbauer besaß aber noch einen Mercedes 350 SLC, den seine damalige Ehefrau Brigitte fuhr.
»Der Kaiser« entschied sich für den von auto motor und sport als »bestes Auto der Welt« gefeierten Mercedes 450 SEL 6.9 mit dem aufgebohrten Big Block des 600. Es war Beckenbauers erstes Luxusauto. »Der damalige Mercedes-Chef rief mich an und sagte: ‚Gönn dir mal einen richtigen Wagen!'«, erzählte Beckenbauer 2021 der BILD-Zeitung. Das war dann der Mercedes. Ein blauer Traum.«

BECKENBAUER AM AUTO-TELEFON

Der Beckenbauer-Benz besaß auch ein Auto-Telefon. Damit stieß der Fußballstar endgültig in die Auto-Liga der nicht minder populären Münchner TV-Kommissare »Stephan Derrick« (gespielt von Horst Tappert) und »Erwin Köster« (»Der Alte« 1977 bis 1986, verkörpert von Siegfried Lowitz) vor.
Vor dem Weggang nach New York verkaufte Beckenbauer auch diesen Wagen – um ihn dann 2021 durch einen riesigen Zufall wieder zu erhalten. Einem Freund, dem Salzburger Unternehmer Daniel Bauchinger, wurde das Auto angeboten. Beckenbauer 2021: »Er wollte ihn eigentlich kaufen. Er rief mich an, sagte, dass ich ein Vorkaufsrecht haben würde. Ich hatte ganz vergessen, dass der ja schwer wie ein Panzer ist und keine Servolenkung hat, aber ich habe natürlich sofort ja gesagt. Denn so schließt sich ein Kreis des Lebens für mich. «
Beckenbauer zu seinem Lieblingsauto: »Jetzt bist endlich wieder daheim.«

»ER WAR EIN WELTMANN« – WÜRDIGUNGEN FÜR FRANZ BECKENBAUER

Der Autor hat bei der Trauerfeier im Januar 2024 in München in der Mixed Zone Weggefährten, Bundesliga-Stars und Reporter-Legenden zu Franz Beckenbauer befragt.

OWEN HARGREAVES (CHAMPIONS-LEAGUE-SIEGER 2001 MIT BAYERN MÜNCHEN):

»Franz Beckenbauer hat sehr großen Einfluss auf meine Karriere als Spieler hatte. Aber ich kann mich an niemanden erinnern, der ein größeres Vermächtnis für den deutschen Fußball hatte als er. Deshalb bin ich aus England gekommen, denn Franz Beckenbauer war einmalig. Er hatte immer einen besonderen Glanz in den Augen. Ich erinnere mich vor allem an Lyon 2001, als er nach dem Spiel beim Bankett eine Rede hielt und uns sagte, dass wir wirklich schlecht gespielt haben. Er hat den wunden Punkt bei uns getroffen und deshalb war er für uns alle ein Riesen-Vorbild.«

JIMMY HARTWIG (TEAMKOLLEGE VON BECKENBAUER BEIM HAMBURGER SV):

»Der Moment, den ich nie vergessen, war, als mich Franz bei einem Spiel mit dem HSV in Duisburg in den Senkel gestellt hat. Er hat mir eine Anweisung gegeben, ich habe das nicht gemacht und dann hat er mir mal gezeigt, wer der Chef im Haus ist. Er hat sich in die Mannschaft eingegliedert, wenn er mal nicht gespielt hat, hat er uns aufgebaut. Weltklasse. Solche Menschen findest du heute in der Bundesliga nicht mehr.«

ULI KÖHLER (REPORTER-LEGENDE, WEINTE NACH BECKENBAUERS TOD IM TV):

»Er war ein guter Kicker und ein Weltmann. Diese Leichtigkeit hat sein ganzes Leben ausgemacht. Auch als Trainer hat er diese Leichtigkeit vermittelt, auch wenn er als König des Jähzorns galt. Er hatte hohe Ansprüche Er sagte mir einmal: Der wichtigste Erfolg war, dass ich 2006 die Weltmeisterschaft nach Deutschland geholt habe. Der Franz konnte nie 100 Prozent zufrieden sein, weil er sich als Inbegriff für technische Fähigkeiten und Fußballkunst gesehen hat. Er war ja manchmal nicht nett zu den Spielern, wie mit Sprüchen wie »Sucht's Euch einen anderen Job« oder »Das war Obergiesing gegen Untergiesing«, aber am Ende hat er alle seine Spieler geliebt. Auch die, die seinen Ansprüchen nicht gerecht wurden. Mein persönlicher Franz-Moment? Schwierig! Ich war auf der Laufbahn im Olympiastadion und der Brasilianer Jorginho wollte eine Ecke ausführen. Da brüllte Franz de Schorschi an: Hau die Ecke hinters Tor, dann kriegen wir wenigstens keinen Konter.«

FELIX MAGATH (WURDE UNTER BECKENBAUERS REGIE 1986 VIZE-WELTMEISTER):

Er hätte es verdient, dass das Stadion in München nach ihm benannt wird. Das am meisten beeindruckende für mich war im-

Ein Autohändler namens Franz Beckenbauer. „Der Kaiser“ zeigt seinen Weltmeisterkollegen Gerd Müller (l.) und Wolfgang „Rastelli“ Overath den von Günter Theodor Netzer erworbenen Jaguar E-Type.

4. November 1971: Franz Beckenbauer erhält die Autoschlüssel für seinen neuen BMW 3,0.

1976 erwarb Franz Beckenbauer diesen Mercedes-Benz 450 SEL, 44 Jahre später kaufte er den Wagen zurück.

mer, dass, obwohl er als Spieler ja auf einer ganz anderen Höhe war als wir Anderen trotzdem menschlich einwandfrei war. Wenn ich jemanden nennen muss, der mich beeindruckt hat, dann waren das Franz Beckenbauer und Prof. Martin Winterkorn. Ich habe bei der Weltmeisterschaft 1986 noch mal mit ihm gearbeitet, auch da war es so: Er war immer souverän, er war jemand, den man geachtet hat, den man respektiert hat, den man geschätzt hat. Auch da hat er es niemanden spüren lassen, dass er der Chef war. Er war immer überlegen, aber er hat diese Überlegenheit nie gezeigt. Das Gefühl hat er einem vermittelt. Sein Humor war eigen, er hat die Dinge öfters mal leicht genommen. Diese Leichtigkeit hat er auf die Mannschaften übertragen und auch mal den ein oder anderen Spruch gebracht wie Geht’s raus, spielt’s Fußball.«

PIERRE LITTBARSKI (UNTER FRANZ BECKENBAUER 1990 WELTMEISTER):
»Er hat diese Öffentlichkeit gar nicht so sehr gesucht, er wollte nicht zu sehr im Mittelpunkt stehen, sondern er wollte Fußball spielen. Der Franz war kein lauter Komiker, wie der Sepp Maier. Wir haben mal gemeinsam mit Franz Pfeffer in Sepp Maiers Schnupftabak gemischt. Er hatte aber keinen derben Humor. Meine erste Begegnung mit ihm war 1977 bei Cosmos New York. Natürlich kannte ich ihn aus der Bundesliga, ihn aber in einem ganz anderen Umfeld mit Pelé und George Best zu sehen, wie die zusammen auf dem Platz agiert haben, das war kein Altherrenfußball. Da habe ich gesehen, was für ein außergewöhnlicher Spieler ist. Als Trainer hat er mich ein paar Mal durch die Mangel gedreht. Er sagte mal: Hör zu, du kannst ja ganz gut dribbeln, aber wie wäre es, wenn du mal ein Tor machst? Die Weltmeisterschaft 1990 war ein Geschenk von Franz. Ich hatte ja eine große Klappe, aber bei Franz habe ich immer den kleinen Gang eingelegt. Ich habe ihn nie geduzt. Bei seinen Reisen vor der WM 2006 war er überall willkommen, das habe ich bei keinem anderen Menschen gesehen. Seine Eleganz, seine Leichtigkeit werden bleiben.«

MEISTER-AUTOS

FC BAYERN: TECHNIK, DIE BEGEISTERT

Kein anderer Klub ging in der Bundesliga-Ära so häufig auf den Meister-Korso wie der FC Bayern München. Oft waren Autos aus Rüsselsheim dabei, so etwa auch beim 13. Meistertitel der Bayern vom 7. Mai 1994.

Lothar Matthäus rückte sein Meister-Baseball-Käppi zurecht. Er setzte es der Coolness halber natürlich verkehrt herum auf. Franz Beckenbauer klatschte aufmunternd, aber doch irgendwie halbherzig mit. Oliver Kreuzer und Markus Münch wollten die DFB-Meisterschale gar nicht mehr abgeben.

Sie hatten sich auf dem Meisterfoto in der ersten Reihe postiert, während der Rest der Mannschaft hinter einem nagelneuen Opel Astra Cabrio posierte. »Meister `94 – Opel gratuliert dem FC Bayern«, stand an der Bande der Ehrentribüne des Münchner Olympiastadions. Im Kicker-Spezial 25 x Deutscher Meister – Alle Stars, alle Spiele, alle Tore von 2015 wurde das Meister-Foto als »ein wenig unorganisiert« bezeichnet. »Vielleicht stört der Wagen, vielleicht war nur wenig Zeit«, mutmaßte das Fachmagazin, »vielleicht war es den Spielern diesmal aber auch egal.«

Deutscher Meister 1994: Der FC Bayern grüßte mit der Meisterschale und Opel Astra F Cabriolet.

Die Rückkehr des »Kaisers«, Franz Beckenbauer (l., mit Co-Trainer Klaus Augenthaler), machte den Erfolg 1994 erst möglich.

Vielleicht, ja. Egal schien den Bayern-Stars in dieser denkwürdigen Saison sehr lange sehr vieles zu sein. Bis er kam. Franz Beckenbauer. »Der Kaiser« kehrte im Januar 1994 zu seinem zerstritten wirkenden Herzensverein als Trainer zurück– und übernahm für den glücklos agierenden »Sir« Erich Ribbeck (»Mir ist egal, was Beckenbauer sagt«).

Es war bis dahin das erste Mal, dass Bayern München während einer Meister-Saison den Coach auswechselte.

»BECKENBAUER WAR DAS ENTSCHEIDENDE ELEMENT«

17 Siege genügten den Münchnern, um im Schlussspurt vor dem 1. FC Kaiserslautern die Deutsche Meisterschaft einzufahren.

»Beckenbauer«, erinnerte sich Lothar Matthäus im Jahr 2015, »war natürlich ein anderer Name. Aber es war ja nicht so, dass er ein Team übernahm, das abgeschlagen im Mittelfeld stand. Wir haben unter Franz Beckenbauer sicher nicht mehr gearbeitet als unter Erich Ribbeck (...). Aber die Persönlichkeit von Beckenbauer war das entscheidende Element. Er wollte, dass sich jeder dem Erfolg unterordnet.«

»Der Kaiser« wusste, wie das Spiel geht – und wie man den Doppelpass mit Fans, Medien und Sponsoren spielt. Insofern verwunderte es im Nachgang wenig, dass das Auto mit aufs Meisterfoto kam. Es war dies die perfekte Produktplatzierung des Münchner Autosponsors.

Die Opel AG war 1989 beim Rekordmeister eingestiegen. Pro Saison zahlten die Rüsselsheimer Autobauer den Münchnern umgerechnet 15 Millionen. Euro. Damit waren die Bayern schon damals der Konkurrenz eine Autolänge voraus.

Unter dem Motto »Technik, die begeistert« präsentierte Opel fast schon in einer kleinen Tradition seine Autos auf den Mannschafts-

> »WIR HABEN UNTER FRANZ BECKENBAUER SICHER NICHT MEHR GEARBEITET ALS UNTER ERICH RIBBECK.«
> LOTHAR MATTHÄUS ÜBER DIE MEISTER-SAISON DES FC BAYERN 1993/94.

fotos des FC Bayern München. Das ungewöhnlichste dieser Bilder entstand allerdings nicht bei der Meisterfeier 1994, sondern schon im Sommer 1990.

Vor der Saison 1990/91 präsentierten die Bayern die Meisterschale in rot-weiß längsgestreiften Nostalgie-Trikots.

Sehr stilecht zeigten sich bereits die 1990er-Meister: Die späteren Weltmeister Olaf Thon und Hans-Dieter Flick (als Assistenztrainer von Joachim Löw 2014) trugen die für 1899 noch typische Mittelscheitel-Frisur, die Torhüter um Raimund Aumann (auch Weltmeister 1990) zeigten sich lässig mit Schiebermütze. Trainer »Don Jupp« Heynckes und sein Co-Trainer Egon Coordes hatten mit Frack, Zylinderhut und weißen Handschuhen auf einem »Opel Patentmotorwagen« Platz genommen – und auf der Motorhaube lag die Meisterschale, die es 1899 noch gar nicht gab.

Carsten Jancker und Giovane Elber (r.) bei den Dreharbeiten zum legendären Opel-Spot »Spielersitzung«.

Das Meisterfoto des FC Bayern 1990 mit Nostalgie-Trikots und einem historischen Opel.

Deutscher Meister und Champions-League-Sieger 2001: Auch Franz Beckenbauer fuhr mit… Den Astra G gab es auch in einer speziellen »Edition Bayern München«.

OPEL IM JAHR 2000: DIE »EDITION BAYERN MÜNCHEN«

Opel und Bayern – das war eine Erfolgsstory. Die Werbespots wie »Spielersitzung«, in dem Erfolgstrainer Ottmar Hitzfeld, Giovane Elber, Carsten Jancker und Mehmet Scholl (»Ja, bei Scholl«) auftraten und für die »Edition 2000« des Opel Astra G zu fahren, wurden Ende der 1990er-Jahre zum Kult.

Das 100-jährige Vereinsjubiläum des FC Bayern feierte man auch bei Opel mit. Und zwar mit der Astra »Edition Bayern München« – in Zusammenarbeit mit dem Automobilhersteller und Fahrzeug-Tuner Irmscher aus Remshalden (Baden-Württemberg). Bei diesen Autos stachen die Edelstahl-Schwellerleisten mit FC-Bayern-Emblem und die Seitenleisten, ebenfalls mit FCB-Logo, sowie die Mittelkonsole im Titan-Look hervor. »Sie sind bestimmt schon eine Ewigkeit Bayern-Fan«, schrieb Opel dazu im Prospekt, »Opel ist es seit zehn Jahren, so lange wie kein anderer Sponsor.«

Den letzten Triumphzug, den der FC Bayern in Opel Cabriolets durch München machte, gab es am 24. Mai 2001. Nach dem Gewinn der Champions League im Elfmeter-Drama gegen den FC Valencia in Mailand wurden die Bayern-Stars bei Kaiserwetter durch die Stadt chauffiert.

Im ersten Cabrio und mit dem Pokal: Stefan Effenberg, der durch seinen Elfmeter zum zwischenzeitlichen 1:1 – alle Tore in diesem Finale fielen vom Elfmeterpunkt aus – die Bayern wieder ins Spiel gebracht hatte, und Oliver Kahn (»Kahn! Die Bayern! Diiiie Baaayern!!!«, legendäre Ellipse von premiere-Reporter Marcel Reif, d. Autor), der im Elfmeterschießen zwei Mal – gegen Amedeo Carboni und Mauricio Pellegrino - gehalten hatte und die Trophäe zum »Man of the Match« aus der Hand von Fußallkönig Pelé (siehe Kapitel »O Rei on the Road«) entgegennahm.

»Das war das Schönste, was ich je erlebt habe«, sagte Elber im Februar 2020 dazu bei fcbayern.com, »selbst Weltmeister Bixente Lizarazu meinte, so etwas habe er noch nie erlebt. So viele Leute auf der Leopoldstraße und dem Marienplatz. Das werde ich nie vergessen.«

Deutscher Meister 2010: Bastian Schweinsteiger verpasst dem »Tulpen-General« Louis van Gaal eine Weißbierdusche…

»Feierbiest« Louis van Gaal beim Meister-Korso auf Tuchfühlung mit den Fans. Selten hat man den Niederländer so ausgelassen gesehen.

Die Ära Elber endete beim FC Bayern München im Jahr 2003. Schon Ende 2001 gaben die Autobauer aus Hessen bekannt, dass sie beim Rekordmeister zum Jahreswechsel 2001/2002 aussteigen würden. Opel hatte beim FC Bayern unter anderem das Privileg, dass man auch bei Champions-League-Übertragungen mit Firmen-Schriftzug und Logo immer im Bild war.
Doch Opel wollte sich vom FC Bayern trennen, was den München-Macher Uli Hoeneß (»Wir reden heute über Bratwürste und nicht über Daum«) laut SPIEGEL »verwunderte«. Und zwar darüber, wie das Nachrichtenmagazin am 28. Dezember 2001 schrieb, »dass Opel ausgerechnet in der Krise das Sponsoring streichen will, das der zuletzt recht glanzlosen Automarke noch etwas Glamour verschaffte. Vor allem: Opel ist vertraglich noch eineinhalb Jahre an die Bayern gebunden. Nur wenn der Verein einen neuen Sponsor findet, könnte er nach SPIEGEL-Informationen Opel aus dem Vertrag entlassen.«
Dieser neue Auto-Partner fand sich schnell – und er kam ebenfalls aus Bayern. Audi aus Ingolstadt stieg 2002 ein. »Die Triebfeder dieser Partnerschaft«, so schrieb das Automobil-Unternehmen auf seiner Homepage, »ist der unbedingte Siegeswille, das Ziel, der Beste seiner Klasse zu sein.«

»DER TULPEN-GENERAL« IM R8

Diesen Anspruch hatte zweifelsfrei auch Alyosius Paulus Maria van Gaal, genannt Louis, der 2009 neuer Bayern-Trainer 2010 und als erster Coach aus den Niederlanden beim Deutscher Meister wurde. Am letzten Spieltag, dem 8. Mai 2010, holten sich die Münchner in Berlin mit einem 3:1-Auswärtererfolg bei Hertha BSC die Meisterschale – und wenig später ging es vom Trainingsgelände an der Säbener Straße in einem Audi A1 auf den Meisterkorso.
»Der neue A1, den Audi anlässlich des Titelgewinns und der überragenden Saison von Arjen Robben in den Farben des deutschen Rekordmeisters FC Bayern lackiert hatte, bahnte den frisch gebackenen Champions den Weg bis zum Marienplatz«, schrieb die Münchner tz.
Auf dem Balkon am Marienplatz lieferte van Gaal, in Holland auch »Der Tulpen-General« genannt, dann seinen legendären »Feierbiest«-Auftritt ab. Nach kurzer Ansprache an die wartenden Fans tanzte der Niederländer mit dem Münchner Oberbürgermeister Christian Ude (SPD), einem bekennenden 1860-Fan, und wirbelte wie

»ICH BIN EIN FEIERBIEST!« BAYERN-TRAINER LOUIS VAN GAAL NACH DER MEISTERSCHAFT 2010.

ein Irrwisch über den Balkon. Man musste Angst um ihn haben...
Van Gaal durfte den Weg zu seiner ersten (und einzigen) Meisterfeier in München mit einem Audi R8 Spyder zurücklegen.
Am 3. Oktober 2023 begab sich Audi im höchst innovativen i RS e-tron in einer Folierung des FC Bayern, die es zum damaligen Zeitpunkt weder als Serien- noch als Sonderausstattung gab, vor

Franck Ribéry und Daniel van Buyten 2013 im Meister-Audi R8.

dem Champions-League-Auswärtsspiel beim FC Kopenhagen (2:1) auf Promotion-Tour durch die dänische Hauptstadt. Am Steuer: Bayern-Idol Giovane Elber und der Münchner TV-Moderator, DJ und Gastronom Mitja Lafere.

AUTO-KORSO: EIN SCHÜCHTERNER FRANZ BECKENBAUER?

Zurück in die Vergangenheit. Die Meister-Korsi des FC Bayern –In der Bundesliga fuhren die Münchner erstmals 1969 durch die Stadt. Am 7. Juni 1969 führte der Weg vom Hauptbahnhof einmal durch die Innenstadt, über die Maximilianstraße, und endete im Rathaus, wo der als unerbittlich geltende jugoslawische Meistertrainer Branko Zebec lässig mit Zigarette im Mundwinkel die Schale präsentierte. »Zebec«, erinnerte sich Bayerns Rekordspieler Josef Dieter, genannt »Sepp« Maier im Jahr 2015, »war ein sturer Bock – und sehr hart in seinen Trainingsmethoden. (...) Kameradschaft mochte er auch nicht besonders.« Kameradschaft wurde beim FC Bayern auch und gerade von Franz Beckenbauer gelebt. Den jungen »Kai-

Audi ist bereits seit 2002 Auto-Partner des FC Bayern München, der Audi A1 wurde später unter den Fans verlost.

ser« sah man 1969 im Meister-VW-Käfer noch etwas schüchtern mit Blumen die Fans grüßend – und an der Seite des vom 1. FC Nürnberg verpflichteten Wieners August »Gustl« Starek. Der hielt bis 2024 den einsamen Rekord, zwei Mal hintereinander und mit zwei verschiedenen Vereinen Deutscher Meister geworden zu sein. Starek nach Beckenbauers Tod im Januar 2024 in der Wiener Zeitung Die Presse: »Franz war einer zum Herzeigen, ein Aushängeschild. Man merkte schnell bei seiner Entwicklung, dass er das Spiel verändert.«

Mit dieser ersten Deutschen Meisterschaft veränderte der FC Bayern München die Bundesliga. Sie war in mehrerlei Hinsicht besonders. Zum ersten Mal belegte eine Mannschaft in der 1963 gegründeten deutschen Fußball-Eliteliga an jedem Spieltag den ersten Platz. Ein Start-Ziel-Sieg des FC Bayern also. Zudem beendeten »die Roten« eine 37 Jahre währende Wartezeit auf den Meistertitel, länger wartete Bayern München danach selbstverständlich nie wieder.

MEISTER-KORSO MIT ZWEI PS

Die erste Deutsche Meisterschaft seiner ruhmreichen Klub-Geschichte feierte der FC Bayern in der turbulenten Endphase der Weimarer Republik, 1932.

»Die Bayern sind noch keine große Nummer und doch ein besonderer Verein«, hieß es dazu im Kicker-Spezial 25-mal Deutscher Meister (2015), »in der 25. Auflage der Deutschen Meisterschaft erklimmen sie die Spitze, gerade einmal 32 Jahre jung.« Im Finale von Nürnberg schlugen sie Eintracht Frankfurt mit 2:0. Traurige Randnotiz: Franz Krumm, Schütze des entscheidenden 2:0, fiel im März 1943 während des Zweiten Weltkrieges ebenso an der Ostfront wie sein Meister-Kollege Josef Bergmaier.

Am 12. Juni 1932 kehrte die Mannschaft von Präsident Kurt Landauer, nach dem später eine Straße an der Allianz Arena im Münchner Norden eine Straße benannt wurde, triumphal in die bayerische Landeshauptstadt zurück.

Und zwar mit zwei PS. In einem Kutschen-Korso – Jeder Wagen wurde von zwei weißen Pferden gezogen – ging es fast bayerisch-königlich vom Hauptbahnhof zum Rathaus.

»Die Straßen waren voll, die Spieler kamen auf Kutschen«, erinnerte sich Uri Siegel, der Neffe des legendären Landauer, im Oktober 2014, »das war eindrucksvoller als heutzutage.«

UMBRO
SHARP
UMBRO

DAVID BECKHAM

BEI DIESEN AUTOS GEHT DIE POSH AB

David Beckham, der »König der ruhenden Bälle«, der englische Fußball-Popstar. Er gilt als Familienmensch. Aber auch als ausgemachter Auto-Narr. Sein Fuhrpark ist ein Teil der »Marke« Beckham, die im Weltfußball unerreicht ist und die den Boulevardzeitungen – auch nach dem Ende seiner aktiven Karriere – die Aufstellung diktierte.

»Geld spielt keine Rolle« – Am 24. März 2004 brachte die Jugendzeitschrift BRAVO Sport eine Spezialausgabe über David Beckham, damals Star von Real Madrid, heraus. »Sein Erfolgsgeheimnis, seine irre Karriere, sein unglaublicher Luxus« wurden darin im berühmten BRAVO-Schnipsel-Stil geschildert.

Zu diesem Zeitpunkt gehörte »Becks«, dessen Markenzeichen stets seine millimetergenauen Flanken waren, laut dem Time Magazine zu den 100 einflussreichsten Persönlichkeiten weltweit.

David Beckham und seine Ehefrau Victoria Adams (»Posh Spice«) waren spätestens seit ihrer Hochzeit im Sommer 1999 nicht mehr aus dem Figurengemälde des englischen Boulevards wegzudenken. »Posh und Becks?«, glaubte auch der Simply-Red-Frontmann Mick Hucknall (»Something got me started«) aus Manchester, »ohne die beiden wären die Journalisten doch komplett aufgeschmissen!« Perfectly right. Zu einem Glamourpaar made in Britain gehören Boulevard-Stories, Transfer-Gerüchte – und natürlich schicke Autos.

Eines der Anwesen der Beckhams in Hertfordshire, 250 Kilometer südlich von Manchester, wurde vom Boulevard in den »Beckhingham Palace« umgetauft. Das luxuriöse Haus, das die Größe von 20 Fußballfeldern und (damals) einen Wert von rund 3 Millionen Euro hatte, stand nach David Beckhams Wechsel nach Madrid (2003) zum Verkauf.

»ICH LIEBE AUTOS ÜBER ALLES«

Bei den Beckhams war seit ihrem kometenhaften Aufstieg bei Manchester United und als Sängerin der

Ordnungskräfte überprüfen den Bentley der Beckhams.

Ein VW Golf Edition »Match« war 1994 das erste Auto von David Beckham.

Girl-Band Spice Girls alles trendy in the Bentley. Überliefert ist eine Episode von Weihnachten 2003: David Beckham hatte ein Problem. Das Weihnachtsgeschenk für seine Ehefrau wollte – selbst mit viel

»WENN ICH AUTO FAHRE, KANN ICH VERGESSEN, DAVID BECKHAM ZU SEIN.«
DAVID BECKHAM, JULI 2022

gutem Willen – nicht unter den Christbaum passen. Es war eine 2,4 Millionen Euro teure Yacht – und dazu gab es einen 340.000 Euro teuren Bentley für »Posh Spice«.

»Ich liebe Autos über alles und probiere gern mal ein neues aus«, sagte Beckham einmal über seine Auto-Sammlung.

Diese umfasste unter anderem einen Porsche 911 Turbo mit 420 PS Leistung. Für den deutschen Sportwagen zahlte der 115-fache englische Nationalspieler kolportierte 135.000 Euro.

Ein Geschenk von seiner Frau war ein silberner Bentley Arnage T, den Victoria rechtzeitig zu Davids 27. Geburtstag (2002) besorgte. Der von 1998 bis 2010 produzierte Oberklasse-Wagen bildete auch die Basis der Bentley State Limousine, des damaligen Standardfahrzeugs der britischen Monarchen. Für die breite Masse war der Arnage in drei Ausführungen erhältlich; in der Standardversion R, als Version RL mit langem Radstand und als 373kW starke Sportversion Arnage T. Der Wagen begleitete Beckham, als er 2003 durch Königin Elisabeth II. für seine Verdienste um den englischen Fußball mit dem »Order of the British Empire« (OBE) geehrt wurde. 2008 tauchte Beckhams Arnage T schließlich bei einem Gebrauchtwagenhändler in Dudley in den West Midlands auf. Er wurde für 99.000 Pfund offeriert.

Beckhams Auto-Flotte suchte – in einer Hochphase seiner Karriere – nach Vergleichswerten. Der achtsitzige GMC Yukon Denali kostete »nur« umgerechnete 38.000 Euro, während der Ferrari 360 Modena Spider mit 157.480 Euro zu Buche schlug. Die Wartezeit für den Sportwagen, der erstmals im Frühjahr 1999 erschien und 400 PS unter der Haube hatte, betrug im Schnitt ein Jahr.

»DER MANN IM BRAUNEN SIERRA«

Dass der am 2. Mai 1975 in Leytonstone, London, geborene David Robert Joseph Beckham diesen Karriere-Weg nehmen würde, lag auch an einem Mann, der mit einem im britischen Jugendfußball als legendär geltenden Auto durch England fuhr: Malcolm Fidgeon, der berühmte Scout von Manchester United, war in einem braunen Ford Sierra selbst in den entlegensten Winkeln des Vereinigten Königreichs unterwegs, um Talente für die »Red Devils« aufzuspüren.

»Der Mann im braunen Sierra« – Bei einem Spiel in Redbridge soll Fidgeon, der für United mehr als 40 Jahre lang als Spielerbeobachter tätig war, auf Beckham aufmerksam geworden sein. Er informierte United-Trainer Alexander Chapman Ferguson (damals noch ohne Sir) über den blonden, technisch hoch versierten Jungen aus London.

Der Schotte rief prompt zurück. »Das war Alex Ferguson«, eröffnete Beckhams Vater David Alan daraufhin seinem völlig verblüfften Sohn, »er sagt, du bist genau der Junge, den Manchester United gesucht hat.«

Am 2. Mai 1988, an David Beckhams 13. Geburtstag, unterschrieb er in Fergusons Büro den Vertrag, der sein Leben verändern sollte. Mit der »Klasse von 1992«, der Jugend-Mannschaft um Ryan Giggs, Gary Neville und Paul Scholes, deren Karriere-Weg später sogar den Weg in die Kinos fand, holte »Becks« erstmals seit 1964 und seit Fußball-Genie George Best wieder den FA-Jugendpokal für Manchester United.

Die Vier standen 1992/93 bei einem Liga-Cup-Spiel in Brighton erstmals in Fergusons Profikader. Nach seinem ersten Champions-League-Einsatz im Dezember 1994 gegen Galatasaray Istanbul wurde Beckham zu Preston North End (Third Division) verliehen. Für PNE spielte Beckham nur fünf Mal.

Zu dieser Zeit leistete sich Beckham sein erstes Auto: Einen Ford Escort, es folge ein VW Golf, Edition »Match«, Baujahr 1994.

Den Volkswagen, der aus dem Jahr stammt, in dem ihm bei Manchester United der Durchbruch gelang, versteigerte er 2015 für wohltätige Zwecke für ein Krankenhaus – und das bei einem Anfangsgebot von nur 350 Euro.

Beckham selbst äußerte sich in seiner bereits 2004 erschienen Auto-Biografie My Side (Dt.: Mein Leben) bereits reflektiert: »Den Jungs aus Klubs wie Preston ging es, damals jedenfalls, ums Spielen und darum, ihre Hypothek und ihre Rechnungen zu bezahlen, wie jeder andere auch. Das gab dem Fußball eine Schärfe, die ich so noch nicht erlebt hatte.«

Den richtigen Drive, erhielt Beckhams Karriere spätestens mit seinem Distanz-Treffer von der Mittellinie in der englischen Premier League gegen den FC Wimbledon für Manchester United im August 1996. Das Tor wurde 2003 zum »Premier-League-Treffer des Jahrzehnts« gewählt.

Trendy im Bentley: David und Victoria Beckham. Der Arnage T war 2002 ein Geschenk von Victoria.

Scheibenpolitur für den Porsche 911 (993) von David Beckham. Man achte auch auf das Kennzeichen...

Autofahren ist für David Beckham nach eigenem Bekunden die perfekte Ablenkung.

Als Motorradfahrer (2008er Confederate F131 Hellcat Combat) sah The Sun »David Beckham cooler denn je.«

Spätestens ab diesem Zeitpunkt und nach seinem ersten Länderspiel für England am 1. September 1996 in der WM-Qualifikation für Frankreich `98 gegen Moldawien wurde David Beckham zum Rising Star des englischen Fußballs. Das zeigte sich auch in seinem persönlichen Fuhrpark: »Der Porsche 911 Carrera war 1997 eines von Becks` ersten Super-Autos«, schrieb The Sun.

»MEIN LEBEN DREHTE SICH MIT 17 NUR UM DEN FÜHRERSCHEIN«

Sechs Mal gewann er mit seinem Herzensverein Manchester United die englische Premier League (»Obwohl sich Vereine aus London für mich interessierten, war für mich klar, dass ich zu United wollte (...) Dad war für mich der entscheidende Faktor, er war ein echter Cockney Red und gab diese Leidenschaft an mich weiter.« – Beckham in My Side). Dazu kam 1998/99 das historische Triple mit Meisterschaft, FA Cup und Champions League.
Sein Vater vermittelte ihm auch die Liebe zu Autos. »Mein Dad«, erzählte Beckham im Juli 2022 der britischen Ausgabe des Magazins GQ, »hatte Ford Cortinas und Granadas und das war etwas, was mich wirklich ernsthaft interessierte. Damals war ich acht Jahre alt. Als ich 17 wurde, drehte sich mein Leben nur darum, den Führerschein zu machen.«
Der nächste Wagen, den sich der aufstrebende United-Profi in dieser Zeit zulegte, war ein Honda Prelude VTEC. »Ich habe Autos

&
kitson

sogar so sehr gemocht, dass manche Leute das gar nicht mehr verstehen konnten«, so Beckham bei GQ, »ich lebte sehr nahe am Trainingsgelände in Carrington, doch ich bin immer mit dem Auto gefahren und nach den Einheiten fuhr ich runter auf der Deansgate, habe mir die Ausstellungshallen der Autohäuser angesehen, während meine Teamkollegen längst in einem Restaurant saßen.«
Tom Watt war als Schreiber näher dran an Beckham als jeder andere. Er schrieb mit ihm My Side und verriet dem Autor 2010 bei einem Interview in London: »Das Champions-League-Finale in Barcelona am 26. Mai 1999 gegen den FC Bayern München war das beste Spiel, das Beckham je gemacht hat, weil er aus der zentralen Mittelfeldposition kam.« Er bereitete beide United-Treffer nach der 90. Minute durch seinen englischen Nationalmannschaftskollegen Edward »Teddy« Sheringham und den Norweger Ole Gunnar Solskjaer (»Ole's at the Wheel«) vor. Am 6. Oktober 2001 schoss David Beckham als Kapitän der englischen Nationalmannschaft die »Three Lions« im letzten Qualifikationsspiel gegen Griechenland (2:2) mit einem perfekt temperierten Freistoß zur Weltmeisterschaft 2002 nach Asien – und schickte Deutschland in die Playoffs. Tom Watt dazu: »Ich habe noch nie ein Spiel gesehen, bei dem die Leistung einer einzelnen Person so entscheidend war, wie in diesem.«
Mit dem Transfer zu Real Madrid stießen Beckham, aber auch »Die Königlichen«, in neue Dimensionen vor. Er war erst der dritte englische Profi bei den Madrilenen nach Lawrence »Laurie« Cunningham und Steve McManaman. In der spanischen Hauptstadt ergänzte er ein Star-Ensemble, das von den spanischen Medien den Namen »Los Galacticos« (Die Galaktischen) erhielt. Torhüter-Idol Iker Casillas, die Weltmeister Roberto Carlos, Ronaldo Nazario (beide Brasilien) sowie Zinedine Zidane (Frankreich), der Argentinier Esteban Cambiasso, der Portugiese Luis Figo und der spanische Ausnahmestürmer Raúl Gonzalez Blanco bildeten mit einem geschätzten Marktwert von 350 Millionen Euro das damals wertvollste Team in Europa. Die Marke Beckham wurde in Madrid zur Gelddruck-Maschine: Sein Trikot mit der Rückkennummer 7 brachte dem Rekord-Europacupsieger schon am ersten Tag eine Einnahme von 624.000 Euro.
Gewisse Privilegien waren in Spanien »eingepreist«. So importierte man aus Großbritannien sowohl Beckhams Lieblingsessen Bangers & Mash (Britische Bratwürstchen in Bratensauce mit Kartoffelpüree) als auch seinen Aston Martin V8 Volante nach Madrid. Schon damals ein Oldtimer, da erstmals 1972 gebaut, gehörte der 419 PS starke und bis 150.000 Euro teure Volante zu den kostenintensivsten Sportwägen im Aston-Martin-Programm. Größter Erfolg für Beckham in Spanien war der Gewinn von La Liga 2007, ehe er als Fußball-Pionier in den USA bei Los Angeles Galaxy wirkte.

59 MPH AB PADDINGTON

2012 verabschiedete er sich zu Paris Saint-Germain in die französische Ligue 1, wo es ihm ein Jahr später gelang, in der dritten der fünf wichtigsten Ligen Europas den Meistertitel zu gewinnen.
Ruhiger wurde es um Beckham nach seinem Karriere-Ende nicht. Das britische Massenblatt The Sun blickte 2018 einmal mehr auf

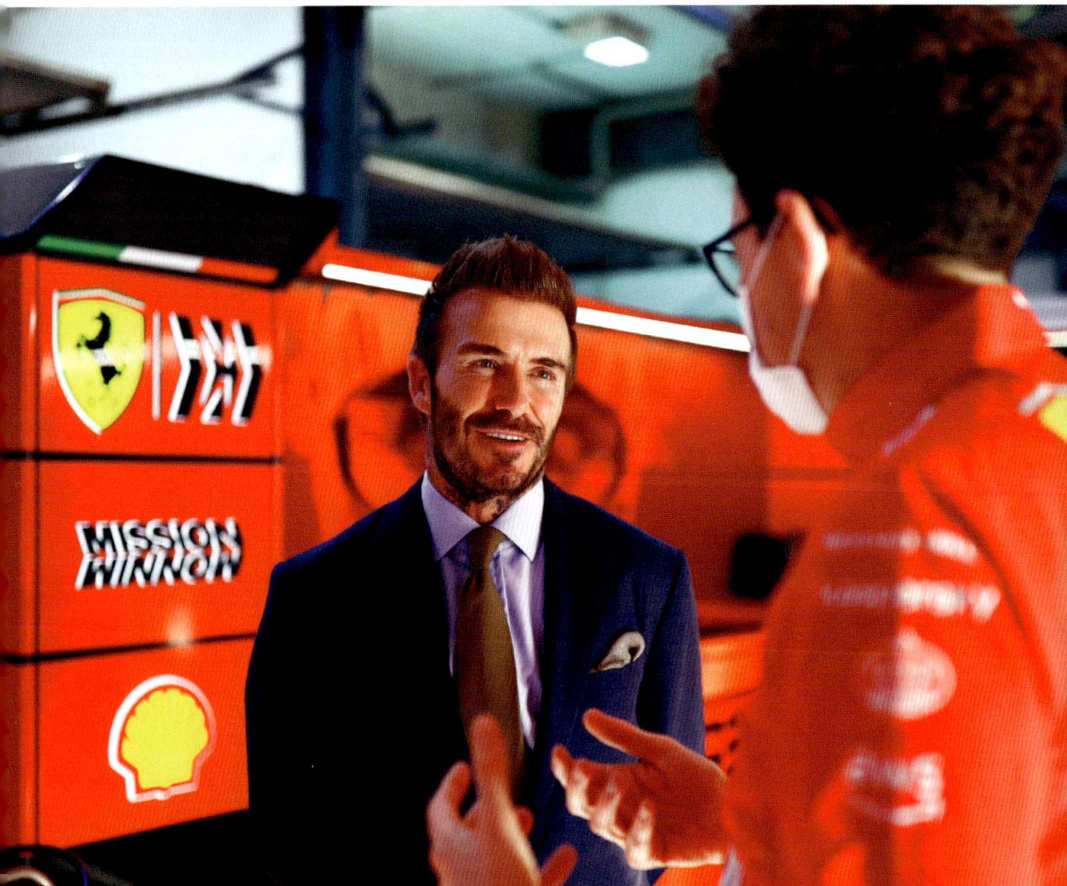

Sport Industry Award 2007 in London: David und Victoria Beckham fahren standesgemäß vor...

David Beckham zu Gast beim Formel-1-Team von Ferrari.

Beckham investierte zuletzt auch in die im britischen Silverstone ansässige Firma Lunaz, die historische Autos restauriert und zu E-Autos umbaut.

1001 DB

LUNA
LUNAZ

Auto-Fan David Beckham glänzt auch als Markenbotschafter und Testimonial, unter anderem für Maserati, hier vor einem MC20.

seine Autos und berichtete, dass er während seiner Zeit bei L. A. Galaxy auf einen Chevrolet Camaro umgestiegen sei. Der legendäre Pony Car wurde von General Motors (GM) erst 2009 nach einer siebenjährigen Pause wieder ins Programm genommen. Diese fünfte Generation kam mit einem V8-Motor auf eine Leistung von 400 PS – und kostete umgerechnet rund 44.000 Euro.

VOM FLANKENGEBER ZUM AUTO-DESIGNER

In Beckhams Heimatland gilt dagegen konsequent: Trendy in the Bentley – mit seinem rund 150.000 Euro teuren Bentley Bentayga ist er aktuell London unterwegs – und das mitunter zu schnell. 59 mph in einer 40-Meilen-Zone in Paddington, da wurde auch ein Fußballstar wie »Becks« selbstredend zur Kasse gebeten.
Die 120 Meilen in die Cotswolds, wo Beckham – davon konnten sich unter anderem die Abonnenten des Streamingdienstes Netflix 2023 in einer Mini-Serie über das Multitalent überzeugen – inzwischen seinem Hobby als Imker nachgeht, legt er zumeist in einem Maserati Grecale SUV zurück. Weitere Autos waren 2023 ein klassischer Land Rover (Series III) und ein Ferrari 575 Superamericana.
»Ich liebe es, Dinge auszuprobieren«, sagte Beckham einmal über den 2005 als Kleinserie produzierten, 540 PS starken Wagen, »ich war einer der ersten, der einen Superamericana ergattern konnte und ich habe ihn immer noch. Ich bin jetzt 47 und habe die Phase, in der ich immer das neueste und größte kaufte, hinter mir gelassen. Ich schaue mir Autos heute unter verschiedensten Aspekten an.«
Seit April 2021 arbeitete der Flankengott a. D. für die italienische Luxus-Automarke Maserati und designte dort seine eigene Auto-Kollektion – Fuoriserie DB Essentials.
»Als ich das Maserati-Werk in Modena besuchte, traf ich dort auf Klaus Busse, den Direktor der Design-Abteilung, ein toller Typ, der mir den gesamten Arbeitsprozess zeigte und wir sprachen darüber, was gut aussehen würde und was nicht. Das Look & Feel eines Autos, wie komfortabel es ist, wie es läuft, das war mir wichtig.

»DAS LOOK-AND-FEEL EINES AUTOS IST MIR WICHTIG.«
DAVID BECKHAM

Jeder Auto-Fan weiß, wie sich ein Ferrari anhört – und mit einem Maserati ist es das Gleiche.«
Für David Beckham sind Autos mehr nur ein bloßes Statussymbol, sie sind eine Leidenschaft für den ehemaligen Spielmacher. »Wenn ich Auto fahre, ist das eine kontrollierte Sache«, so »Becks« im GQ-Interview, »mein Leben ist verrückt und meistens wollen viele Leute etwas von mir. Aber wenn ich fahre, habe ich Ruhe, höre keine Musik und kann vergessen, dass ich David Beckham bin.«
David Beckhams Fuhrpark ist bis heute auf Champions-League-Niveau: Er investierte zuletzt auch in die Firma Lunaz, die historische Autos restauriert und zu E-Autos umbaut.
Seit 2020 gehört »Becks« als Teilhaber einer Investorengruppe das Fußball-Franchise Inter Miami FC in der nordamerikanischen Major League Soccer (MLS). Der Club erlangte am 17. Juli 2023 eine weltweite, nie gekannte mediale Aufmerksamkeit. Es war der Tag, an dem Lionel Messi nach Miami kam. Der argentinische Weltmeister wechselte nach einer einmaligen Karriere beim FC Barcelona und Paris Saint-Germain in die USA und wurde im Rahmen einer pompösen Show vorgestellt. Ein Transfer-Coup Marke Beckham.
»Ich fahre jeden Morgen zum Trainingsgelände, um zu sehen, ob er wirklich da ist«, verriet David Beckham kurz danach. Mit welchem seiner Autos er dies tut, sagte er nicht.

David Beckham beriet die Traditionsmarke Maserati in Auto-Design-Fragen.

IVAN CURKOVIC

(K)»EIN KAPITALISTEN-AUTO«

Ivan Curkovic prägte als Torhüter in den 1970er-Jahren die goldene Ära des AS Saint-Etienne (ASSE) mit, Frankreichs 2023 von Paris Saint-Germain entthrontem Rekordmeister. »Curko« leistete sich von seiner Gage als Handschuhträger einen Mercedes, der den Weg in das Vereinsmuseum fand. Ein »Curkenstück...«

Als einen »Torhüter, der ganz alleine den Gegner zu entmutigen vermag ... und den Spielverlauf auf den Kopf stellen kann« beschrieb Frankreichs Fußball-Bibel L'Equipe Ivan Curkovic, Spitzname: »Curko«, nach dessen Glanzleistung im Europapokal-Halbfinale der Landesmeister 1976 gegen die PSV Eindhoven.

ASSE, wie der Klub aus dem Osten Frankreichs von seinen Fans auch genannt wird, brachte am 14. April 1976 dank Curkovics Paraden einen 1:0-Vorsprung aus dem Hinspiel im Stade Geoffroy-Guichard ins Ziel.

So reagierte er beim 0:0 im Philips-Stadion von Eindhoven, 2022 vom Fußballmagazin Voetbal international zum »besten Stadion der Niederlande« gekürt, unter anderem in der Anfangsphase der Partie geistesgegenwärtig bei einem Fernschuss von Vize-Weltmeister Willy van de Kerkhof und entschärfte im Lauf der Partie einen Kopfball des aufgerückten Abwehrspieler Adrie van Kraay sowie einen Ball des schwedischen Stürmers Ralf Edström.

NUR »BULLE« ROTH KONNTE SIE STOPPEN...

Im Finale von Glasgow unterlag die Mannschaft um Curovic, Europameister Dominique Rocheteau und den späteren französischen Nationaltrainer Jacques Santini dem FC Bayern München mit dem knappsten, möglichen Ergebnis – 0:1 durch ein Tor von Franz »Bulle« Roth.

Dennoch: Der Finaleinzug krönte die goldenen 1970er- und frühen 80er-Jahre in Saint-Etienne mit fünf französischen Meistertiteln zwischen 1970 und 1981.

In Saint-Etienne – Geschichte einer Legende (2004) würdigte Frederic Parmentier Curko folgerichtig als »einen der wichtigsten Goalkeeper der Vereinsgeschichte.

Am 15. März 1944 in der bosnischen Stadt Mostar geboren, spielte Ivan Curkovic 398-mal für AS Saint-Etienne. Kein anderer Torhüter absolvierte mehr Spiele für den Klub als der 19-fache Nationalspieler Jugoslawiens.

Viele Experten sahen Curko aufgrund seiner nur 1,79 m Körperlänge im Duell um Jugoslawiens Nummer eins mit anderen Klasse-Torhütern des Landes wie den späteren Schalke-Keeper Enver Maric (32 Länderspiele) oder den 50-maligen Nationaltorwart Milutin Soskic, der für Partizan Belgrad und den 1. FC Köln zwischen den Pfosten stand, im Nachteil.

Das dokumentierte die Nicht-Berücksichtigung von Curkovic bei der Weltmeisterschaft 1974 in der Bundesrepublik Deutschland und bei der Heim-EM 1976, die im damaligen Jugoslawien an nur zwei Spielorten – Belgrad und Zagreb – ausgetragen wurde.

BEI DER WM 1982 GEGEN DEUTSCHLAND…

Nachdem er 1981 im französischen Pokalfinale gegen den SC Bastia (1:2) nicht eingesetzt wurde, verließ Curkovic enttäuscht »Les Verts« (Dt.: Die Grünen) und beendete seine Profi-Karriere. Nur ein Jahr später kam er doch noch zu Weltmeisterschafts-Ehren: Frankreichs Nationaltrainer Michel Hidalgo machte ihm zum Torwart-Trainer der »Equipe Tricolore«. Trotz der Tipps von »Curko« konnte National-Keeper Jean-Luc Ettori im Halbfinale am 8. Juli 1982 gegen Deutschland in Sevilla nur einen Elfmeter parieren – den von Uli Stielike. Dennoch: Es ist bis heute der einzige Elfer, der von einem deutschen Spieler in einem WM-Elfmeterduell in der K.o.-Phase verschossen wurde.

Der Renault 16 gehörte zu den charakteristischsten französischen Autos der 1970er-Jahre.

Die Erfolgself von AS Saint-Etienne mit Ivan Curkovic (stehend, ganz links) im Jahr 1974.

EUROPAPOKAL-PRÄMIE FÜR EIN AUTO

Doch wie kam Curkovic, der in der »sozialistisch-föderalistischen Republik« Jugoslawien das Fußballspielen erlernte und 1972 die Erlaubnis zu einem Wechsel ins Ausland erhielt, zu dem Mercedes-Benz 300 D, dem »Kapitalisten-Auto«, wie es von Saint-Etiennes Präsident Roger Rocher einmal spöttisch genannt wurde?
Der Mercedes-Benz 300D gehörte zur Baureihe W123 der Stuttgarter. Es ist das bisher meistgebaute Modell von Mercedes-Benz und der Nachfolger des legendären »Strich Acht«.
In Frankreich wurde der W123 im Januar 1976 erstmals präsentiert. Die Preisspanne reichte von umgerechnet rund 9.000 Euro im Jahr 1976 für das Basismodell bis zu umgerechnet knapp 40.000 Euro im letzten Baujahr für einen voll ausgestatteten 300 TD Turbodiesel. Im September 1976 landete der grüne Mercedes 300 D bei Ivan Curkovic. Um ihn zu kaufen, setzte er angeblich die Bonusprämie ein, die er nach dem Spiel in Eindhoven für das Erreichen des Europapokalfinales vom Verein erhalten hatte.
»Um unsere Qualifikation für das Finale in Glasgow gebührend zu feiern und um diesen Anlass zu würdigen, habe ich mich für dieses exzeptionelle Auto entschieden«, erklärte der Jugoslawe und verwies darauf, dass die Farbe Grün »selbstverständlich« sei.

»Übrigens bin ich in meinem ersten Jahr in Belgrad bin nicht viel Auto gefahren. Ich wohnte in Voždovac, in der Nähe des Stadions, also ging ich zum Training zu Fuß oder fuhr mit der Straßenbahn durch die Stadt.«

Ivan Curkovic arbeitete auch als Torwart-Trainer.

»DER KOMFORT UND DER MATERIALISMUS DES WESTENS«

Ein Auto als Symbol des sozialen Aufstiegs. Psychologisch gesehen nichts Ungewöhnliches bei Fußballprofis. Schnelle und meist teure Autos, mondäne Spielerfrauen und exklusive Immobilien ergaben schon seit den 1950er-Jahren ein Klischeebild des Fußballstars als gesellschaftlichem Emporkömmling.

Bei »Curko« war es anders. Denn: »Als ich nach Saint-Etienne aufbrach, konnte ich mir nicht vorstellen, je so ein Auto zu fahren«, erzählte Curkovic im Oktober 2022. Inspiriert hat ihn sein jugoslawischer Landsmann Spasoje Samardzic, der von 1969 bis 1972 in Saint-Etienne spielte.

»Ivan schmeckten der Komfort und der Materialismus des Westens«, schrieb die serbische Zeitung Kurir dazu im Jahr 2021, »ihm erschien es besser, in einer großen deutschen Limousine zu fahren als in einem Jugo-Auto mit eckigen Rädern.« Samardzic riet dem ASSE-Torhüter offenbar genau zu diesem Wagen, weil man »die 1.400 Kilometer weite Reise nach Jugoslawien damit schneller machen« könne.

»Während meiner Zeit in Frankreich wurden innerhalb des Mannschaftskreises überwiegend französische Autos gefahren, ich war einer der wenigen, die einen deutschen Wagen hatten«, erzählte Curkovic später.

»Curko« und seine Autos – Ein Erlebnis, wie der Kurir 2021 fand: »Wenn wir mit Ivan Curkovic über Autos sprechen, springt dieser vor und zurück, als wollte er den Ball in der Luft fangen, und tauscht die Torhüter-Kluft gegen den Anzug eines Geschichtslehrers.« Und dabei wird er durchaus philosophisch: »Das Auto ist ein symbolisches Objekt unserer Zivilisation«, so der Torwart von Saint-Etienne, »wir bauen immer mehr davon und immer schnellere.«

»EIN WIRKLICH GUTES AUTO«

Ivan Curkovic meinte damit auch Beginn des letzten Jahrhunderts und die Zeit der Industrialisierung, der Arbeitsorganisation vor dem Hintergrund von Taylorismus (Prinzip der Prozesssteuerung von Arbeitsabläufen, auch Scientific Management genannt, d. Autor) und Produktivität. Das alles störte den jugoslawischen Torhüter weder damals noch heute. Fast philosophisch wies er auf die Grenzen des Systems hin: »Es ist auch ein letztlich vergängliches Objekt, das sich relativ schnell abnutzt.«

Der ehemalige Klasse-Torhüter weiß es bis heute zu schätzen, dass sein Leben bei der Ankunft von Partizan Belgrad in Saint-Etienne 1972 dank der üppigen, von Präsident Roger Rocher, unter dessen

Der legendäre Mercedes-Benz 220 (W123) des Ivan Curkovic im Vereinsmuseum der AS Saint-Etienne.

Europapokalfinale 1976 in Glasgow: Bayern-Bomber Gerd Müller scheitert an Ivan Curkovic.

Regie ASSE neun seiner zehn Meistertitel in Frankreich holte, gewährten Bezüge eine ganz andere Richtung genommen hat.
Beinahe liebevoll erinnerte sich der legendäre Keeper von Velez Mostar, Partizan Belgrad, Saint Etienne und der jugoslawischen Nationalmannschaft 2021 an sein erstes Auto – und zwar in der Kurir-Serie »My First Car«: »Ich habe meine Fahrprüfung 1963 in Mostar, wo ich geboren wurde, bestanden. Schon im nächsten Jahr zog ich nach Belgrad, als ich mein Abenteuer bei Partizan begann«, berichtete Curkovic.
»Übrigens bin ich in meinem ersten Jahr in Belgrad nicht viel Auto gefahren. Ich wohnte in Voždovac, in der Nähe des Stadions, also ging ich zum Training zu Fuß oder fuhr mit der Straßenbahn durch die Stadt. Als ich nach Frankreich ging, kaufte ich einen Renault 16. Dann sagte mir der berühmte Paja Samardžić: Kauf Dir einen Mercedes, das ist ein sicheres Auto. Ich hörte auf diesen Rat und kaufte mir zuerst einen grauen Mercedes 220. Ein wirklich gutes Auto. Ich habe es nur für Reisen mit der Familie gekauft, nicht, um etwas Luxus zu vermitteln.«
Im Oktober 2013 liefen bei AS St. Etienne die Arbeiten für das neue Vereinsmuseum im Stade Geoffroy-Guichard an, wo etwa zur Weltmeisterschafts-Endrunde 1998 fünf Vorrundenspiele, unter ande-

1974 bei einem Liga-Spiel für die AS Saint-Etienne.

rem Jugoslawien gegen den Iran (1:0), und das Achtelfinale mit Argentinien gegen England (4:3 n. E. / 2:2 n. V.) stattfanden.
»Das Fußballmuseum wurde gebaut. Da ich in diesem Verein große Popularität erlangt hatte, bot ich an, meinen 300 D zu verkaufen, um dann das Geld für den Bau des Museums zu spenden. Aber

»EIN WIRKLICH GUTES AUTO. ICH HABE ES NUR FÜR REISEN MIT DER FAMILIE GEKAUFT.«

Philippe Gastal, der Kurator des Museums hatte eine bessere Idee«, verriet Curkovic im Jahr 2013, »Sie beschlossen, den Mercedes mit einem Kran in die obere Etage des neuen Museums zu hieven und auf der Windschutzscheibe waren Sonnenblenden mit Motiven aus den berühmtesten Tagen des Fußballvereins zu sehen. Anfangs war es mir ein bisschen peinlich, weil der Wagen so ein protziges Teil ist, aber er verkörpert dennoch ein wichtiges Stück Vereinsgeschichte rund um das Europacup-Finale von 1976.«

Dazu trug der Wagen das markante Kennzeichen: 01 CURKO 42.

WO STEHT DER BENZ HEUTE?

»Ich hatte von Anfang keinen Zweifel daran, dass der Verein das Beste mit dem Auto machen würde«, erzählte Curkovic über seinen Wagen, der lange Zeit in seiner Garage in Terrenoire (St. Etienne) stand, »als ich Osvaldo Piazza (ehemaliger Mitspieler von Curkovic bei ASSE, d. Autor) die Autoschlüssel gab und sie es nach Saint-Etienne zurückbrachten, war ich sehr glücklich. Auch, als mir Gastal anvertraute, dass der Wagen dort für immer bleiben sollte.«
In der Jean-Snella-Tribüne im Geoffroy-Guichard-Stadion, im Vereinsmuseum von »Les Verts« finden sich seit 2013 auf zwei Etagen, mehr als 800 m^2 und in acht Räumen Fotos und Exponate, die die Geschichte des AS St. Etienne dokumentieren.
Die Trikots von Dominique Bathenay, Rocheteau, Patrick Revelli oder Christian Lopez können dort bewundert werden, aber auch »Curkos« Benz.
Und natürlich die eckigem Torpfosten von Glasgow, der 1976 im Finale gegen die Bayern alle grün-weißen Titelträume platzen ließen.

umbro

PAUL GASCOIGNE

EIN VERRÜCKTES AUTO-LEBEN

Paul Gascoigne gilt als einer der talentiertesten, aber auch skandalträchtigsten englischen Fußballprofis aller Zeiten. »Gazza« wurde auf dem Spielfeld und außerhalb zur Marke, zum Gehetzten des Boulevards und zur tragischen Figur. Seine Späße waren mal derb, mal bizarr – und zu Autos hatte Gascoigne sein ganz eigenes Verhältnis.

Nichts wie weg. Durch den Hintereingang. Ohne Aufhebens, wenn's geht. Als Paul Gascoigne an einem kalten Oktoberabend im Jahr 2003 mit einer signalgelben Ordnerjacke als Tarnung über den breiten Schultern das kleine Stadion Aggborough im nordenglischen Kidderminster verließ, war dies der traurige Schlussakt einer großen Fußballerkarriere.

Von latenten Knieschmerzen geplagt, quälte sich der einst als »begnadet« gepriesene Ex-Fußballstar der »Three Lions« zu einem 3:1-Erfolg mit der Reserve-Elf der Wolverhampton Wanderers im Duell mit dem Erzrivalen West Bromwich Albion.

Sein Körper hatte nach den ersten drei Pflichtspielen auf der britischen Insel nach mehr als zwei Jahren Abstinenz Warnsignale gesendet, die jeder Fußballprofi nur allzu gut kennt. Die über 30 Operationen, die er in 18 Jahren über sich ergehen ließ, hatten Paul Gascoigne zermürbt.

Der Autor traf ihn gut ein Jahr später, im Foyer des Stadions an der White Hart Lane von Tottenham Hotspur. Für den Klub aus dem Londoner Norden hatte der 57-malige englische Internationale zwischen 1988 und 1992 gespielt. Nun gehörte er zu einer Paradereihe von »Spurs«-Legenden, die im Stadion dem verstorbenen Trainerfuchs Billy Nicholson gedachten. Gascoigne war höflich, er wirkte aber schon zu diesem Zeitpunkt gesundheitlich angeschlagen, hielt mit zittrigen Handbewegungen ein Glas mit Red Bull.

Es war vorbei. Über die traditionsreiche und nicht selten hochkarätig besetzte Reserverunde der englischen Premier League wollte er allen zeigen, dass er mit seinen 36 Jahren noch nicht zum alten Eisen gehörte. Doch außer den üblichen PR-Sprüchen kam nicht allzu viel dabei herum.

»Ich bin besser, als einige Leute denken. In zwei Wochen bin ich fit für die Premier League«, sagte Gascoigne bei der Ankunft in Wolverhampton. Es blieb ein Versprechen.

Skeptiker wie Walter Smith, Gascoignes ehemaliger Trainer bei den Glasgow Rangers in Schottland, hielt die Rückkehr von »Gazza«, dieser lebenden Boulevard-Kanone und Spaß-Maschine, ohnehin für keine gute Idee.
Smith damals: »Paul ist längst nicht mehr der Spieler, der er einmal war, er hat nicht mehr die Frische, um in der Premier League zu spielen, aber es ist erfreulich, dass er wieder in England ist.«

»DIESER LÖFFELBIEGER HAT KEINE AHNUNG.«
PAUL GASCOIGNE ÜBER DEN MAGIER URI GELLER, DER BEIM ENGLISCHEN KLUB EXETER CITY INVESTIEREN WOLLTE.

Der englische Fußball-Boulevard kam seit dem Debüt als Profi am 13. April 1984 für Newcastle United gegen die Queens Park Rangers kaum an Paul Gascoigne vorbei. Auch, weil Gascoigne immer irgendwo zwischen Genie und Wahnsinn schwankte. Seinen gesundheitlichen Verfall servierten die Massenblätter über die Jahre auch mit einer gewissen Gnadenlosigkeit.
Ein neuer Tiefpunkt der toxischen Beziehung zwischen Gascoigne und den Boulevardmedien: Im Juli 2013 appellierte The Sun auf ihrer Titelseite an alle Wirtsleute in Großbritannien: »Don't give this Man a drink«, geben Sie diesem Mann nichts zu trinken. Dazu ein aktuelles Foto von Gascoigne und eines aus seinem wohl besten Länderspiel für England, dem 2:0-Erfolg gegen Schottland bei der EURO 1996 im Londoner Wembley-Stadion. Die Begründung mutet sarkastisch an: »Gazza hat die Nation einst inspiriert, vielleicht kann ihn die Nation nun retten.«

Gestatten, »Gazza«: Paul Gascoigne präsentiert stolz 1988 in Newcastle seinen personalisierten Rover.

Gascoigne gehörte in Großbritannien seit langem zur BD (Beloved Drunks / Dt.: Geliebte Trunkenbolde) Liste des Boulevards. Gemeinsam mit anderen Prominenten wie den Schauspielern Peter O'Toole (»Der letzte Kaiser«) und Richard Burton (»Cleopatra«) oder der 2011 mit nur 27 Jahren verstorbenen Sängerin Amy Winehouse.
Eines der bemitleidenswertesten Fotos von Gascoigne mit Auto-Bezug – das hier ganz bewusst nicht gezeigt werden soll – entstand im Oktober 2018, als er betrunken im Londoner West End nahe des Bahnhofs Ladbroke Grove (Notting Hill) versuchte, einen VW Tiguan anzuhalten.

ERSTER PROFI-VERTRAG, ERSTES »GAZZA«-AUTO

Paul Gascoigne als Fußballprofi und als Mensch, das schien irgendwie nie die gleiche Person zu sein. Oder anders: »Gazza« vs. Paul.
Genialen fußballerischen Auftritten wie bei der WM-Endrunde 1990 in Italien, als England mit Rang vier die bis 2018 beste Platzierung bei einer Weltmeisterschaft gelang, wechselten sich immer wieder mit bizarren Episoden jenseits des Rasens ab.
Erste Gerüchte um seine Alkoholabhängigkeit gab es schon vor der Weltmeisterschaft 1990.
Aber auch den ersten, personalisierten »Gazza«-Wagen. Es war 1988 und es war ein personalisierter Rover, der auf der Fahrertür eben diesen Schriftzug trug. Am Steuer ein noch etwas burschikos wirkender Paul Gascoigne, der mit den »Magpies« von Newcastle United gerade um einen neuen Vertrag pokerte.
Das neue Auto konnte ihn offenbar nicht umstimmen. Der Mittelfeldspieler wechselte zu den Tottenham Hotspur.

»GAZZA« UND GARDNER: IN 80 KNEIPEN UM DIE WELT

Fast immer mit dabei, wenn Gascoigne Gas gab: Jimmy »Fünfbauch« (»Five Belly«) Gardner. Der korpulente Typ aus Newcastle, ein gelernter Dachdecker und Schulkollege des exzentrischen Fußballstars, galt (und gilt) als Gascoignes Mann fürs Grobe.
Natürlich durfte er auch mit nach Italien. Lazio Rom zahlte 1992 für das Gesamtpaket Gascoigne 7,4 Millionen Euro. Es war die höchste Ablösesumme, die der von Legenden umwitterte Profi in seiner Laufbahn generierte.

Jimmy Gardner bekam selbstverständlich von Gascoigne auch dessen Autoschlüssel – wenn er selbst einmal wieder nicht fahrtauglich war. Und zwar für Pauls »Little Red Corvette«.
Ob Paul Gascoigne, der für Interpreten wie Elvis, Phil Collins und Michael James »Mick« Hucknalls` Simply Red schwärmt, auch die Songs von Prince mag, der am 30. April 1983 mit »Little Red Corvette« auf Platz zwei der UK-Single-Charts landete, ist nicht überliefert.
Aber in Rom fuhr Gascoigne eben in einer Little Red Corvette vor.
Das Chevrolet Corvette C4 Coupé war bis 1996 die vierte Generation des legendären US-amerikanischen Sportwagens. Mit schlanker Ka-

Paul Gascoigne steigt auf einem Empfang aus einem Mercedes. Der Ex-Nationalspieler und Publikumsliebling führt abseits des Spielfelds ein bizarres Leben.

Newcastle United 1985: Paul Gascoigne (2. v. r.) und seine Teamkollegen um Peter Beardsley (winkend) vor dem Mannschaftsbus.

rosserie und flacher, um 64 Grad nach vorn geneigter Frontscheibe ließ der Wagen bei einem L83-Motor mit 245 PS für Fans praktisch keine Wünsche offen.

Wie oft Gascoigne damit in seiner schwierigen Zeit in Rom mit einer Fülle von Verletzungen – unter anderem ein Beinbruch im April 1994 während einer Trainingseinheit – tatsächlich durch die Straßen der ewigen Stadt kurvte, lässt sich nur schätzen.

Länger als die Touren mit dem roten Chevrolet ist dagegen die Liste der Episoden, die »Gazza« und Jimmy gemeinsam lieferten. Viele dieser Geschichten sind unappetitlich und obszön. Und es gilt: »Bitte keine Einzelheiten«!

Dennoch: Hier eine der salonfähigeren.

Der blondierte Gardner nahm es Gascoigne auch nicht krumm, dass er ihm einmal – noch vor dem Frühstück – ein Haar-Entfernungsmittel in die Gel-Tube mischte.

Als Gascoignes Karriere schon lange im Sinkflug war, ließ er ihn immer gern in seiner kleinen Drei-Zimmer-Wohnung in Dunston, einem ärmlichen Stadtteil von Newcastle, wohnen. Gardner wusste: »Hier hat Paul alles, was er braucht.« Und das waren vor allem Getränke: 2013 lag seine Schlagzahl bei zwei Litern Gin und 15 Dosen belgischem Bier.

Einen treueren Gefährten als »Fünfbauch« Gardner, so war der

langjährige BBC-Chefreporter Phil McNulty sicher, hätte Gascoigne nicht finden können. »Die beiden«, so McNulty, »hatten etwas von Phileas Fogg und seinem Diener Passepartout bei Jules Vernes In 80 Tagen um die Welt.« In diesem sehr speziellen Fall: In 80 Kneipen um die Welt.

Auch in Sachen Autos sah man den berühmt-berüchtigten »Five Belly« häufig am Steuer. Kurierdienste inklusive: In Gazzas Zeit beim FC Middlesbrough fuhr Gardner mitten in der Nacht mehr als 400 Meilen und über drei Stunden von Seaham (County Durham) nach Birmingham.

Nur um eine Kaffeetasse zu holen, die Paul bei seinem Teamkollegen und Mitbewohner Andy Townsend vergessen hatte. Seine Befürchtung: »Die Tasse muss ohne ihre Kumpels auskommen. Das geht nicht. Ich kann sonst nicht schlafen.«

Um 01.30 Uhr in der Nacht erreichte Gardner den Zielort – und traf auf einen Andy Townsend, der nicht gerade amused war – und in Boxershorts und mit Baseballschläger im Türrahmen stand. Gegen 5 Uhr morgens brachte Gardner die Tasse für Gascoigne zurück. Der Fußballstar saß derweil vor dem Fernseher und kommentierte das Ende der bizarren Mission mit »Hast du sie? Stell sie zurück.«

»GAZZA« ZERLEGT DEN MANNSCHAFTSBUS

Gascoigne in Middlesbrough – in den beschaulichen East Midlands versuchte er ab 1997 wieder einmal einen sportlichen Neuanfang. »Alle, die sagen, ich sei gescheitert, nur weil ich zu ‚Boro' gewechselt bin, liegen falsch,« sagte Gascoigne damals.

Doch die Alkohol-Exzesse holten ihn auch in den beschaulichen East Midlands wieder ein: »Eines Tages beim Training entschied er sich, in den Mannschaftsbus zu springen und eine Spritztour zu machen. Es endete damit, dass er ihn geschrottet hat«, erzählte Middlesbrough-Coach Bryan Robson, ehemaliger Profi bei Manchester United, seine Version dieser unglaublichen Geschichte, »es war ein brandneuer Bus, den der Klub gerade erst gekauft hatte.«

Kurz darauf war Gascoigne gänzlich von der Bildfläche verschwunden. Nur enge Freunde wussten damals, wo er war: In der Haynes Grove Priory-Klinik in Bromley machte er seine erste, 16-tägige Alkohol-Entziehungskur, um sich an deren Ende zu outen. Gascoigne bekannte sich erstmals offen zu seiner Trunksucht und wurde Mitglied bei den Anonymen Alkoholikern. Seine nächste und letzte Station in der Premier League war ab 2000 der FC Everton, wo es Gascoigne unter seinem alten Coach Walter Smith bis Anfang 2002 immerhin noch mal auf 38 Spiele brachte.

Als Gascoigne im Juni 2001 bewusstlos und völlig betrunken in einer Liverpooler U-Bahnstation aufgefunden wurde, unterzog er sich auf Rat seines alten Freundes Walter Smith einer zweiten Entziehungskur. Fast vier Wochen versuchte er in Arizona, seine Alkoholsucht und seine Depressionen zu bekämpfen.

»Paul ist der lockerste Typ, mit dem ich je gespielt habe«, sagt Europameister Christian Ziege, der mit Gascoigne 1998/99 beim FC Middlesbrough zusammen kickte, ungeachtet aller Skandale, »er ist ein verrückter Kerl im positiven Sinne und immer für einen Spaß gut.«

22. April 1995: Gascoignes Kumpel Jimmy »Fünfbauch« Gardner am Steuer der »Little Red Corvette« (C4)...

1995 bekam Gascoigne im Ibrox Stadium der Glasgow Rangers werbewirksam ein nagelneues Honda CRX-Coupé überreicht.

ASTRA IN LOCH LOMOND

Der schottische Serienmeister Glasgow Rangers, der zwischen 1989 und 1997 die legendäre Meister-Serie »Nine in a Row« war ab 1995 der Anlaufpunkt des Paul Gascoigne nach drei Jahren in Rom.

Der deutsche Glasgow-Rangers-Star Jörg Albertz, der mit Gascoigne zwischen 1996 und 1998 in Glasgow zusammenspielte, erinnert sich im Gespräch mit dem Autor: »Während wir trainiert haben, saß Paul oft in seinem Stamm-Pub oder besuchte ein Konzert seiner Lieblingsband Bon Jovi.«

»The Gers« waren 1994 eine Auto-Partnerschaft mit dem japanischen Hersteller Honda eingegangen. Rund Drei Millionen Pfund zahlte Honda pro Saison. Die Präsentations-Fotos der Rangers-Stars auf Honda gehörten ab August 1994 dazu – und auch Paul Gascoigne nutzte sie als Staffage.

Zu seiner Präsentation im Ibrox Stadium fuhr er standesgemäß mit seinem Honda, der seinen Spitznamen und die Trikotnummer als Nummernschild (»Gazza 8«) hatte – und machte für die Fotografen durch das Schiebedach heraus mit dem Ball ein paar Kunststückchen.

Bei den Glasgow Rangers lieferte Gascoigne jedoch auch die verrückteste Episode seiner Auto-Biografie. Sie hieß »Autos versenken«. Für den inzwischen 85 Jahre alten Sportjournalisten Hunter Davies schilderte »Gazza« diese Geschichte 2004 in My Story (»Meine Geschichte«) so:

»Wir verließen mein Haus in Renfrewshire in meinem nagelneuen Mercedes und Chris (Chris Evans, Moderator bei Radio 2, d. Red.) sagte immer wieder, was das für ein cooles Auto sei. ‚Aber du bist ja auch ein cooler Typ', fügte er hinzu. ‚Wer käme auf die Idee, dass so coole Typen wie wir in Sozialwohnungen aufgewachsen sind?', meinte ich. Plötzlich wollten wir den Benz loswerden und uns irgendwas entsprechend Schrottiges besorgen. Ich gab dem Wagen vor uns Zeichen mit der Lichthupe. Er hielt und ein Pärchen stieg aus. ‚Wisst ihr, wo Loch Lomond ist?', fragte ich. Sie nickten ‚Wenn ich euch die Schlüssel gebe, könnte dann einer von euch meinen Wagen da hin fahren?' (...) Ich bot ihnen kein Geld oder sonst was an, aber sie kümmerten sich trotzdem um das Auto. Chris und ich sahen zu, wie der Typ mit dem Mercedes davonfuhr und die Frau ihm mit ihrem Wagen folgte. ‚Und was, wenn ich den Benz nie wieder sehe?' (...) ‚Mach dir mal keine Sorgen' sagte Chris, dann besorg ich dir einen neuen.

Wir fanden eine Werkstatt und Chris kaufte einen Schrotthaufen für 300 Pfund (ein Vauxhall Astra, d. Red.), sowie Farbe, mit der wir die Fenster schwarz strichen. Auf die Seite schrieb Chris ‚TF1', den Namen seiner Fernsehshow. Mit dieser Karre fuhren wir zum Loch Lomond und weiter zum Jachthafen. (...) Chris fuhr immer weiter, auf den See zu – und in den See hinein. Als uns das Wasser bis zur Hüfte stand, kletterten wir raus und schwammen an Land.«

Chris Evans erinnert sich 2009 im Daily Record an diese abgefahrene Episode. »Wir kauften das günstigste Auto, das wir kriegen konnten.« Der Händler meinte, dass der Astra »eine Todesfalle« sei. Wir antworteten: »Perfekt.«

Gascoigne (9.v.r) mit der englischen Nationalmannschaft auf dem Weg zur FIFA-Weltmeisterschaft 1990 in Italien.
Man flog stilecht mit einer Boeing 737-200 der Britannia.

MAURIZIO GAUDINO

AUSGEBREMST BEI GOTTSCHALK LATE NIGHT

Mit der Verpflichtung von Maurizio Gaudino schien Eintracht Frankfurt 1993 das letzte Puzzle-Teil auf dem Weg zur ersten Deutschen Meisterschaft der Bundesliga-Ära gefunden zu haben. Der technisch hoch versierte Mittelfeldspieler hatte der Eintracht mit dem VfB Stuttgart 1992 die Meisterschale abgejagt – nun sollte er im Star-Ensemble von Trainer Klaus Toppmöller (»Bye bye, Bayern«) eine zentrale Rolle erhalten. Auto-Fan Gaudino schlug zwar ein in Frankfurt, doch den Titel konnte er der SGE nicht bringen. Von Toppmöller-Nachfolger »Don Jupp« Heynckes 1994 vergrault, saß er wenig später erst bei »Gottschalk Late Night« – und dann in Untersuchungshaft.

Eigentlich war alles harmlos. Wie immer. Thomas Gottschalk (»Eine Frau namens Harry«) hatte am 14. Dezember 1994 zu seiner Late-Night Talkshow bei RTL nach München eingeladen. Eislauf-Königin Katarina Witt und Fußballstar Maurizio Gaudino – gerade bei Eintracht Frankfurt freigestellt und vor einem Wechsel zu Manchester City – spielten sich die Bälle zu und lieferten dem Studio-Publikum eine Tanz-Einlage auf Rollerblades. Deutsche TV-Unterhaltung in den 1990er-Jahren…

Auf der Couch durfte geplaudert werden. »Spätestens Silvester bin ich Vater«, verriet Gaudino gut gelaunt bei Gottschalk, »es wird ein Mädchen und bei der Geburt möchte ich dabei sein.«

Gottschalk, der diese Sendung von 1992 bis 1995 moderierte, zog sein Programm routiniert durch. Alles wie immer. Doch während der Abspann noch lief, kam es zu einem der unglaublichsten Eklats in der deutschen Fußballgeschichte.

Vor den Münchner Filmstudios wurde Gaudino verhaftet – zwei Tage nach seinem 28. Geburtstag erging gegen ihn ein Haftbefehl wegen Bandenhehlerei, Anstiftung zum Betrug und Vortäuschen einer Straftat. Da nach Ansicht des Gerichts »Fluchtgefahr« bestand, erfolgte die Festnahme im Anschluss an die TV-Show.

Thomas Gottschalk versuchte es mit Humor. »Der übliche Weg ist

Die Macher des Meister-Coups mit dem VfB Stuttgart 1992 im Mercedes bend R129 auf dem Weg durch die Stadt: Maurizio Gaudino (l.), Fritz Walter und Trainer Christoph Daum (vorn).

es ja, erst verhaftet zu werden und dann in eine Talkshow zu gehen«, sagte der RTL-Talkmaster anschließend.

Die Bundesliga-Szene war geschockt. »Bei diesen Schlagzeilen über ihn wird mir schlecht«, kommentierte sein ehemaliger Stuttgarter Mannschaftskollege Matthias Sammer den Fall in BILD, »hoffentlich stellt sich bald seine Unschuld heraus.«

»Ich kenne Mauri nur als anständigen Kameraden und kann mir nur vorstellen, dass er durch seine Gutmütigkeit in etwas hineingezogen wurde«, mutmaßte Rekord-Nationalspieler Lothar Herbert Matthäus.

Ganz so einfach war es nicht. Die Vorwürfe der Staatsanwaltschaft Mannheim erwiesen sich als schwerwiegend. In mindestens drei Fällen soll Gaudino einen Beitrag geleistet haben, dass Nobelwagen als zu Unrecht gestohlen gemeldet und anschließend die entsprechende Versicherungssumme in wenigstens zwei Fällen ausbezahlt wurde. Es ging um umgerechnet 100.000 Euro.

»EIN KLEINER AUTOSCHIEBER«

Auf der Rückbank eines AUDI 100 wurde Gaudino am 15. Dezember 1994 von München nach Mannheim gebracht. Vier prominente Anwälte vertreten den Nationalspieler, darunter auch der von Katarina Witt empfohlene Heinz Düx.

Maurizio Gaudino vor einem Alfa-Romeo.

Der »Fall Gaudino« findet schnell den Weg auf die Fan-Tribünen. Zur Melodie von »Y viva Espana« (1971) heißt es:
»Wer klaut Autos in der Nacht? Maurizio Gaudino!

> »WER SEIN AUTO LIEBT, DER SCHIEBT.«
> STADION-PLAKAT NACH DER VERHAFTUNG VON MAURIZIO GAUDINO.

Und keiner weiß, wie er das macht, Maurizio Gaudino!«
Auch die deutschen Medien suchen nach neuen Begrifflichkeiten. Für die Münchner Abendzeitung war Gaudino »ein kleiner Autoschieber«, für die Hamburger Morgenpost (MoPo) ein »Ganove«, für BILD gar »ein Gangster«.

FLUCHT NACH ENGLAND

Nichts davon trifft zu. Doch Gaudino, wenige Tage zuvor von Frankfurts Trainer »Don Jupp« Heynckes im Anschluss an einen angeblich zu lax ausgeführten Waldlauf zusammen mit Torjäger Anthony Yeboah, ohnehin ein Intimfeind von Heynckes (»Yeboah hat Schwierigkeiten, sich zu artikulieren.«), und Jay-Jay Okocha suspendiert, floh nach England. Am Ende des Bebens in Frankfurt blieb nur der Nigerianer Okocha bei der Eintracht.
Der ghanaische Stürmer Yeboah lehnte eine weitere Zusammenarbeit mit Heynckes vehement ab – und ging zu Leeds United in die englische Premier League.
Der mit ihm ausgebootete Gaudino wechselte auf Leihbasis zu Manchester City, wo er am 21. Dezember 1994 im EFL League Cup bei Newcastle United (2:0) sein erstes von 24 Pflichtspielen (4 Tore) machte – und er durfte gemeinsam mit dem deutschen Stürmer Uwe »The Bomber« Rösler jubeln.
Aber wie konnte der PS-Profi Gaudino, der als Sohn italienischer Gastarbeiter aus Neapel im Mannheimer Problembezirk Rheinau aufwuchs und eine Lehre als Automechaniker begonnen hatte, in

Last-Minute-Meister in Leverkusen: Maurizio Gaudino und Fritz Walter vom VfB Stuttgart, 16. Mai 1992.

Maurizio Gaudino, der Sohn italienischer Einwohner aus Kampanien, hatte eine Vorliebe für Ferrari, wie nicht zuletzt der Testarossa beweist.

diese Affäre geraten?
»Er war damals noch jung, ihm fehlte die Erfahrung«, glaubte Trainer-Legende Klaus »Schlappi« Schlappner, der ihn 1984 bei Waldhof Mannheim zum Bundesliga-Debüt verhalf.

Es ging glimpflich aus für Gaudino, dem der Boulevard in Deutschland das Image eines Protz-Profis verpasst hatte.
Das Amtsgericht Mannheim entschied am 31. Januar 1996, dass

»ER IST JA JETZT IN SPANIEN, DA KANN ER JA MAL ZEIGEN, WAS FÜR EIN GUTER TRAINER ER IST.«
MAURIZIO GAUDINO, MANCHESTER CITY, IN EINER SAT-1-LIVESCHALTUNG, ÜBER SEINEN EX-TRAINER JUPP HEYNCKES. »DON JUPP« HATTE DEN NATIONALSPIELER BEI EINTRACHT FRANKFURT SUSPENDIERT.

der Fußballprofi in seiner Zeit beim VfB Stuttgart »in mindestens drei Fällen Freunden Tipps und entsprechende Kontakte zum Versicherungsbetrug gegeben und dabei teilweise vierstellige Beträge kassiert« haben soll. Er wurde zu einer Freiheitsstrafe von zwei Jahren verurteilt, die zur Bewährung ausgesetzt wurden, dazu kam eine Geldstrafe von umgerechnet 90.000 Euro.

MÜNCHEN – STUTTGART IN 60 MINUTEN?

»Am Ende aber kam er mit einem blauen Auge davon, er landete nicht im Gefängnis«, hieß es dazu in der SPORT BILD-Serie »Die größten Kriminalfälle des Sports« (Ausgabe 8 / 2024).

Maurizio Gaudino liebt Autos, vor allem Modelle von Ferrari, vor denen er auf Bildern gern posiert, schienen seine Leidenschaft geweckt zu haben.

Und er war immer schnell unterwegs. In der Kabine des VfB erzählte er seinen ungläubigen Teamkollegen oft und gern, dass er die rund 230 Kilometer Distanz bis München »in unter einer Stunde schaffen« würde.

MOTORENGEHEUL – »WIE EIN SCHÖNES TOR«

Im März 2024 sah man Maurizio Gaudino, inzwischen als Spielerberater tätig und Vater von Ex-Bayernprofi Gianluca Gaudino, zu Besuch bei Abt Sportsline in Kempten. Die Haare sind kürzer geworden, die Autos solider. Der WM-Teilnehmer von 1994 ist inzwischen mit einem Škoda Oktavia, seinem Firmenwagen unterwegs – bei 75.000 Kilometern pro Jahr.

Das Traditions-Unternehmen Abt Sportsline gilt als »Innovations-Schmiede« und als einer der größten Veredler von Fahrzeugen des Audi- und Volkswagen-Konzerns. Ein Lamborghini-Urus, laut Herstellerangaben ein »Sportwagen mit der Seele eines SUV«, begeis-

Dezember 1994: Die Suspendierung bei Eintracht Frankfurt. Maurizio Gaudino ratlos neben Co-Trainer Horst Köppel (links). Rechts daneben: Jay Jay Okocha und Anthony Yeboah.

terte den Ex-Fußballstar, der seine Karriere 2005 bei seinem Ausbildungsverein Waldhof Mannheim ausklingen ließ, dabei ganz besonders.
Es war eines von nur 99 Exemplaren der »Scatenato«-Sonderserie, mit einem 840 PS starken, getunten 4,0-Liter Biturbo-Motor.

»Wahnsinn, brutal!«, war es Gaudino begeistert, »das ist genau meine Welt! Wenn ich ein tolles Auto sehe, ein solches Geräusch höre – da kriege ich Gänsehaut. Wie wenn einer ein schönes Tor schießt. Wäre ich nicht Fußballer geworden, dann Automechaniker. Oder Rennfahrer. Das war mein Traum.«

Der unter Verdacht geratene Fußballstar Gaudino musste viele Fragen beantworten...

Die Modelle aus der »Innovations-Schmiede« Abt Sportsline begeistern Gaudino heute, hier ein Lamborghini Urus Scatenato.

DIE ZLATANISCHEN AUTOS

Zlatan Ibrahimovic – Schwedens Ausnahmefußballer mit bosnisch-kroatischen Wurzeln, ein Exzentriker, setzte auf eine alles andere als gewöhnliche Auto-Auswahl. Dass »Ibra« Benzin im Blut hat, gefiel auf seinen zahlreichen Profi-Stationen – von Ajax Amsterdam bis Los Angeles Galaxy – aber nicht jedem.

So verlor Pep Guardiola irgendwann die Geduld. Der Star-Trainer des FC Barcelona, der in seinem Premierenjahr mit »Barca« sechs Titel gewonnen hatte, musste in den ersten Tagen des Jahres 2010 zur Kenntnis nehmen, dass sein unberechenbarer Stürmerstar Zlatan Ibrahimovic verspätet und mit Hautverletzungen im Gesicht zum Team zurückgekehrt war. Der Schwede war ohne den notwendigen Schutz in seiner Heimat mit dem Schneemobil gefahren. Für Guardiola, wie sein Biograf Guillem Balagué 2013 (Pep Guardiola: Another Way of Winning, Verlag: Orion Publishing) schrieb, »ein doppelter Verstoß gegen die Verhaltensregeln des Klubs. (...) Es folgte ein kalter Krieg, der Trainer und der Spieler sprachen nicht mehr miteinander und Ibrahimovic fehlte jegliche Motivation.«

ZLATAN IBRAHIMOVIC

Das ist noch sehr diplomatisch formuliert. Guardiola und Ibrahimovic lieferten sich 2009/2010 eine der legendärsten Trainer-Spieler-

> »ICH BIN EIN FERRARI UND DU FÄHRST MICH WIE EINEN FIAT.«
> ZLATAN IBRAHIMOVIC ZU PEP GUARDIOLA, 2009/2010

Fehden im modernen Fußball – und verpassten im Champions-League-Halbfinale nach 1:3 und 1:0 gegen Ibrahimovics ehemaligen Trainer José Mourinho und Inter Mailand die Titelverteidigung in der »Königsklasse«.

»GEH UND SCHREIB BRIEFE!«

»Er sollte vorsichtig sein«, warnte Ibrahimovic zwischendurch den Coach, den er abschätzig »den Philosophen« nannte, »vielleicht verliere ich im Training die Kontrolle über meinen Arm und haue ihm eine runter.«

Auch mit dem »Tulpen-General«, Alyosius Paulus Maria van Gaal, genannt »Louis« (Weltkarriere unter bürgerlichem Namen nicht möglich), stand er in dessen Zeit als Technischer Direktor von Ajax Amsterdam nicht eben im Freundschaftsverhältnis. »Bei Ajax lief auch noch Louis van Gaal rum. Der war Technischer Direktor und erklärte mir mit dem Bleistift, wann ich wohin laufen sollte«, spottete Ibrahimovic über den sicher manchmal etwas unkonventionell agierenden Champions-League-Siegertrainer von 1995, »ich habe ihm gesagt: Hör mal, Meister, du hast mir gar nichts zu sagen – geh' in dein Büro und schreib' Briefe!« Tja, das ist Zlatan. Er kann aber auch verdammt nett sein. Wenn er will...

Der exzentrische Stürmer, der mit 550 Treffern, die er in 25 Profi-Jahren für neun verschiedene Klubs markiert hat, zu den erfolgreichsten Torjägern im Weltfußball gehört, machte allerdings selten Kompromisse.

Nach dem Zerwürfnis mit Guardiola, den er noch Jahre später in seinem Buch Ich bin Zlatan Ibrahimovic (Wer sonst?, d. Autor) verunglimpfte, zog es ihn zurück in die Serie A, zum AC Milan. Zuvor hatte er bereits für Juventus Turin und Inter Mailand in Italiens Eli-

> »IST IHR SPIELSTIL EHER SCHWEDISCH ODER JUGOSLAWISCH?«
> – »ZLATANISCH!«
> ZLATAN IBRAHIMOVIC ZUR FRAGE NACH SEINER SPIELWEISE.

teliga gespielt. Für keinen Klub machte er aber so wenige Liga-Spiele wie für »Mes que un Club« (Dt. Mehr als ein Klub), für den großen FC Barcelona (29).

Ibrahimovic beendete 2023 seine Profikarriere. Am 18. März 2023 wurde er in Diensten des AC Mailand und im biblischen Stürmer-

Zlatan Ibrahimovic im Kart: Kein Zweifel, der Schwede versteht sich aufs Fahren.

Eiszeit in Barcelona: Zlatan Ibrahimovic spuckt demonstrativ vor »Barca«-Coach Pep Guardiola aus.

Zlatan mit Familienkombi? Ein ungewohntes Bild. Dennoch warb Ibrahimovic ab 2014 für die schwedische Automarke Volvo und drehte dabei unter anderem Werbespots vor dem Stade de France in Paris. Hier präsentiert er die 2016er-Variente des V90.

Den Alltag bewältigt Ibrahimovic in legerer Kleidung und im Luxus-Wagen.

Ein nachdenklicher Zlatan Ibrahimovic mit seinem Trikot und in seinem alten Wohnort, Rosengard in Malmö.

aws
ANTERIORE DESTRO
ANTERIORE SINISTRO
RICHARD
Santander
V-Power
HCL Software

2023 in Mailand bei einer spektakulären Auto-Auswechslung. Während einer Verletzungspause beim AC Milan verkaufte das Paar den goldfarbenen Ferrari bei einem Luxus-Autohaus für 450.000 Euro – und fuhr standesgemäß mit einem anderen Sportwagen der Scuderia vom Hof. Es war ein Ferrari Daytona SP3, für den unsere Ibrahimovics fast 1,9 Millionen Euro zahlten. Auch dieses, 2021 in Mugello vorgestellte Luxusauto, ist limitiert. Es wurde nur 599-mal gebaut. Der Name des Zweisitzers stellt eine Hommage der Italiener an das 24-Stunden-Rennen von Daytona 1967 dar, in dem ein Ferrari 330 P3/4, ein Ferrari 330 P4 und ein Ferrari 412 P die ersten drei Plätze belegten.

In Ibrahimovics Garage gehört der Daytona zu einer wahren Ferrari-Flotte. Zu den ältesten Wagen des italienischen Traditions-Herstellers bei Ibrahimovic zu Hause zählt der ab 2005 gebaute F430 Spider.

Dazu kamen der zum Geburtstag selbst geschenkte Monza, der zwischen 2002 und 2004 gebaute Supersportwagen Ferrari Enzo und ein LaFerrari.

IBRAHIMOVICS TEUERSTER FERRARI

Mit dem Kauf des LaFerrari toppte Zlatan in der ihm eigenen Weise seine eigenen Rekorde – und gab für den gelben Boliden mit den markanten Scherentüren 2,8 Mio. Euro aus.

Bombastische Rundenzeiten von 1:22,3 Minuten, herausgefahren auf der hauseigenen Ferrari-Teststrecke in Fiorano (Maranello), wo auch Formel-1-Weltmeister Michael Schumacher seine Wagen einfuhr, zeigten, dass der »Enzo« nochmals fünf Sekunden schneller war als sein Vorgänger, der F50. Eines der 400 Exemplare des »Enzo« (Die Stückzahl wurde erst während der Produktion auf diese Zahl erhöht) ging 2005 wenige Monate vor seinem Tod an Papst Johannes Paul II., der den Wagen beim Londoner Auktionshaus Southeby' s versteigern ließ. Er brachte rund 1,05 Millionen Euro ein Der Erlös kam den Überlebenden des Tsunamis 2004 zugute.

Was eine Versteigerung von Ibrahimovics Ferrari Enzo bringen würde, darüber ließe sich spekulieren. Fest steht aber, dass der Fußballgott aus Schweden, dem in 121 Länderspielen 62 Tore gelangen und der in drei der fünf europäischen Top-Ligen (Bundesliga, La Liga, Ligue 1, Premier League und Serie A) Meister wurde, noch einen LaFerrari besaß.

Ebenfalls in Gelb. In dem 710-mal vom Band gelaufenen Sportwagen ließ sich der Vollblut-Autofahrer noch mal auf ein Modell mit Siebengang-Doppelkupplungs-Automatikgetriebe und einen Elektromotor ein. Rund um das Trainingsgelände von Manchester United in Carrington, wo Zlatan Ibrahimovic von 2016 bis 2018 wieder unter seinem Mentor José Mourinho wirkte, sah man ihn im Volvo X90, einem der Autos, welches er in seiner Rolle als Markenbotschafter für die Schweden fuhr.

Dieses kam »nur« auf einen Kaufpreis von 53.200 Euro. Mit seinen 297 PS ist der Hybrid eigentlich auch kein wirklich zlatanisches Auto. Aber eine Fußball-WM ohne Zlatan ist ja auch keine richtige Weltmeisterschaft.

Zlatan-Besuche beim Formel-1-Team der Scuderia Ferrari sind immer drin.

MEISTER-AUTOS

2024 – TRUCK STOP FÜR BAYER LEVERKUSEN

So einzigartig die Meister-Saison von Bayer 04 Leverkusen 2023/2024 in der Bundesliga anmutete, so originell war die Feier, die am 26. Mai 2024 eine ganze Stadt elektrisierte. Der neue Deutsche Meister, seit 2002 mit drei verpassten Titelchancen in einer Saison als »Vizekusen« abgestempelt, hatte die Wachablösung von Serien-Meister FC Bayern München geschafft. Ungeschlagen und mit beeindruckenden Comeback-Qualitäten. Diese grandiose Leistung feierte man auch mit besonderen Autos.

»Xabi-Alonso-Allee«, so hieß die Bismarckstraße in Leverkusen seit dem 14. April 2024 inoffiziell und in Fan-Kreisen. Der spanische Trainer von Bayer Leverkusen, der den Verein im Oktober 2022 übernommen hatte und selbst ein ausgemachter Auto-Liebhaber und Porsche-Testimonial ist, brachte dem lange als »Plastik-Klub« oder als »Vizekusen« verunglimpften Bundesliga-Klub ans Ziel aller Träume. »Es entstand unter Alonso die Sehnsucht, etwas Großes zu schaffen und das haben sie in die neue Saison getragen«, beschrieb Bayers Torwartlegende Rüdiger Vollborn in der ARD den Einfluss des Spaniers auf den Verein.

Der Berliner Vollborn ist Rekordspieler bei Bayer 04 und machte Leverkusen 1988 mit seinen Paraden im Elfmeterkrimi gegen Espanyol Barcelona zum UEFA-Pokal-Sieger. Er gehörte zu den wenigen Spielern, die je einen Pokal- oder Meisterkorso in Leverkusen miterlebt hatten. Vor 2024 hatte Bayer Leverkusen nur zwei Titel, den UEFA-Cup und den DFB-Pokal von 1993, auf dem Briefkopf.

Bayer Leverkusen, Deutscher Meister und DFB-Pokalsieger 2024.
»Sie haben Ihr Ziel erreicht.« Der Mann, der Bayer 04 auf die internationale Fußball-Landkarte brachte, war der XXL-Manager Reiner »Calli« Calmund. In den Jahren 2000 und 2002 rührten die Tränen des korpulenten Fußballmachers ganz Deutschland.
Am 20. Mai 2000 verspielte Bayer Leverkusen beim Außenseiter aus der Münchner Vorstadt, bei der SpVgg Unterhaching, mit 0:2 (0:1) den sicher geglaubten Titel. Ein Unentschieden hätte im engen Stadion am Sportpark für die Mannschaft von Trainer Christoph Paul Daum ausgereicht, um Leverkusen erstmals zum Meister zu krönen. Doch die Leverkusener konnten den Druck, den der nie aufsteckende Titel-Rivale Bayern München praktisch mit dem Anpfiff und frühen Toren gegen Werder Bremen (3:1) ein paar Kilometer weiter im Olympiastadion aufsetzte, nicht abschütteln. Die Münchner zogen dank der besseren Tordifferenz in letzter Sekunde an den Leverkusenern vorbei.

Oben links: Vorsichtig hob Xabi Alonso am 18. Mai 2024 die Meisterschale hoch. Der spanische Trainer führte Bayer Leverkusen zum ersten Meistertitel.

Links: Auf der Rennstrecke von Jarama erhielten Xabi Alonso und die Stars von Real Madrid am 8. November 2015 ihre neuen Audi-Dienstautos.

Trainer Christoph Daum und Manager Reiner Calmund machten Leverkusen zur »dritten Kraft« im deutschen Fußball hinter dem FC Bayern und dem BVB.

2000 UND 2002: »ET IS SO BITTER FÜR UNS«

»Christoph Daums Mannschaft«, war SAT-1-Reporterlegende Werner Hansch ratlos, »sie hat so großartigen Fußball gespielt – ich habe sie nicht wiedererkannt.« Am Ende wurden an dem kleinen Balkon in Unterhaching das DFL-Banner »Deutscher Meister 2000 – Bayer Leverkusen« und auch die auf dem Rasen ausgestellte DFB-Meisterschale und die frühere Meistertrophäe »Viktoria« wieder eingepackt.

Zwei Jahre später fing Borussia Dortmund im Schluss-Spurt Bayer Leverkusen noch ab. Ein Drama. Die von Trainerlegende Klaus »Toppi« Toppmöller trainierte Bayer-Elf mit ihren Stars Michael Ballack, Ulf Kirsten, Bernd Schneider, Oliver Neuville und Zé Roberto, hatte drei Spieltage vor Saisonende noch fünf Punkte Vorsprung gehabt.

»ICH BIN WEGEN DER PARKPLÄTZE INS SAARLAND GEZOGEN.« REINER »CALLI« CALMUND, EX-MANAGER VON BAYER LEVERKUSEN.

Sie gewann von den letzten drei Spielen aber nur noch eines, 2:1 gegen Hertha BSC im Saisonfinale, und Calmund schluchzte am

Auch »der Capitano«, Michael Ballack, spielte von 1999 bis 2002 für Bayer 04. 2010 bis 2012 erlebte er in Leverkusen eine zweite Vertragszeit.

Xabi Alonso (l.) und Holger Badstuber bei der »Audi Summer Tour« 2015 des FC Bayern München am Times Square in New York.

Nie mehr »Vizekusen«: Die Fans in der Bayer-Kurve zeigen das neue Ortsschild.

Stadion-Mikrofon nur »Et is so bitter für uns.« Die Fans auf der Nordkurve der BayArena waren in Schock-Starre. Dortmund hatte trotz zwischenzeitlichem 0:1-Rückstand gegen Werder Bremen noch 2:1 gewonnen und ihrem Team die Meisterschale endgültig weg geschnappt. »Die Dortmunder waren den einen Tick besser, das müssen wir ganz klar anerkennen«, versuchte es Toppmöller mit der rheinischen Wahrheit. Die reine Wahrheit war: Bayer Leverkusen hatte 2001/2002 den besten Fußball gespielt und auch – ebenso überraschend wie verdient – das Champions-League-Finale erreicht. Trost gab es jetzt sowieso nicht mehr!

»JETZT STEHT DIE MEISTERSCHALE ENDLICH IN DER VITRINE – UND FÜR JEDEN SICHTBAR AUF DEM WIMPEL.«
BAYER LEVERKUSENS REKORD-TORJÄGER ULF KIRSTEN

Erinnerungen, die auch beim Autor, der Bayer Leverkusen seit 2001 (u. a. für Köln eXtra, Arcor.de, die-fussballreise.de und Fussballdaten.de) redaktionell begleiten durfte, präsent geblieben sind.

VON »VIZEKUSEN« ÜBER »LATERKUSEN« ZU »MEISTERKUSEN«

Sonntag, 14. April 2024. Unter dem Bayer-Kreuz wurden die bösen Geister verscheucht. Bayer Leverkusen zerlegte Werder Bremen in der heimischen BayArena mit 5:0 und wurde vorzeitig Deutscher Meister. »Neverkusen gibt es nicht mehr«, bilanzierte die britische Zeitung The Mirror.

Die Wahnsinns-Saison von Bayer Leverkusen brachte das am 11. Juni 2024 erschienene Kicker-Spezial Die große Bilanz so auf den Punkt: »4 x 45: Des Meisters Formel.«

In vier Tabellen – Hinrunde, Rückrunde, Heim- und Auswärtsranking – stand die Mannschaft vom Rhein mit jeweils 45 Punkten vorn. Nach der Halbzeit waren die Leverkusener sogar noch bissiger als

PURE GENIE-US!
Aladdin

Doublekusen
Vizekusen
Barmenia
für Euch - Ihr für
SCHWARZ UND R

MEISTER-TRUCK

ALS ROLLENDE PARTYFLÄCHE FÜR DEN TRIUMPHZUG DIENTE DER KORSO-TRUCK VON MAN. DIE SONDERANFERTIGUNG BASIERT AUF EINEM LKW DES TYPS MAN TGX MIT 400 PS. DAMIT DIE FANS IHRE IDOLE BESSER ERKENNEN KÖNNEN, HATTE MAN ZUNÄCHST DAS DACH DES FAHRERHAUSES ABGENOMMEN. SPIELER, TRAINER UND OFFIZIELLE KÖNNEN AUF EINER SPEZIELLEN PLATTFORM MIT GELÄNDERN FEIERN.

2012 FEIERTE DER BVB AUF DEM TRUCK SEIN DOUBLE, 2013 UND 2014 FOLGTE BAYERN MÜNCHEN (TRIPLE BZW. DOUBLE). 2017 UND 2021 LIESSEN SICH DIE SPIELER DES BVB NOCHMALS ALS POKALSIEGER BEJUBELN. EBENFALLS ZWEI POKALSIEGE FEIERTE RB LEIPZIG IN DEN JAHREN 2022 UND 2023

vor dem Seitenwechsel. Holten sie in der Tabelle der ersten Spielhälfte 74 Punkte, so waren es nach der Pause 78.
Aus dieser statistischen Besonderheit entwickelte sich der Begriff »Later-Kusen«, denn Bayer 04 gelangen auch Wettbewerb-übergreifend 18 Tore nach der 90. Minute, davon acht in der Bundesliga. In der »Xabi-Time«, also ab der letzten Spielminute, holte Leverkusen neun zusätzliche Punkte. Im Werskelf-Radio hörte sich das am 27. Spieltag, dem 30. März 2024, so an:
»Sechs Minuten Nachspielzeit Sechs Minuten vielleicht sogar für den Lucky Punch. Für das 2:1. Wie oft haben wir das schon erlebt in dieser Saison. Warum nicht noch einmal? Jetzt haben wir Nathan Tella über die rechte Seite, mit dem Ball… und DAS TOR, und DAS TOR und DAS Tor! Tella mit dem Chipball von rechts außen in die Mitte, Patrik Schick hält den Fuß rein, 1:1. Leverkusen dreht das Spiel. Die BayArena steht kopf.«
Es war das 2:1 gegen 1899 Hoffenheim nach einem 0:1-Rückstand bis zur 88. Minute. Im Abendspiel am Ostersamstag leistete dann Borussia Dortmund den Leverkusenern beim 2:0 bei Verfolger Bayern München wertvolle Schützenhilfe. Der Vorsprung der Bayer-Elf lag nun bei 13 Punkten, 15 Zähler waren es am Saisonende. »Ob die Meisterschaft verdient ist, darüber kann es keine zwei Meinungen geben«, sagte Ilkay Gündogan (FC Barcelona), der Kapitän der deutschen Fußball-Nationalmannschaft, »was für eine Leistung, wow.«

»HABE ALONSO HEILIGGESPROCHEN«

Diese Leistung wurde am 25. Mai 2024 mit dem 1:0 (1:0)-Erfolg im DFB-Pokalfinale in Berlin gegen den Zweitligisten 1. FC Kaiserslautern veredelt. Danach durften sie in Leverkusen feiern.
Der Autor hat in seiner Laufbahn als Fußballjournalist an einem letzten Spieltag in vielen Stadien glückliche Menschen gesehen: In Dortmund, Frankfurt, in Karlsruhe.
Aber in Leverkusen waren sie zum ersten Mal richtig glücklich. Weil es nicht, wie nach dem Abstiegs-Endspiel gegen Lautern (1:1) am 18. Mai 1996, einem Jahrhundert-Spiel, welches der Autor in Leverkusen live im Stadion miterlebte, nur die riesige Erleichterung war, gerade irgendwie noch in der Bundesliga geblieben zu sein.

»ES WIRD NIEMAND MEHR VIZEKUSEN SAGEN. DIESER BEGRIFF IST MIR AUF DEN KEKS GEGANGEN.«
RUDI VÖLLER, EX-PROFI UND SPORTDIREKTOR VON BAYER LEVERKUSEN

Nein, als am 18. Mai 2024 endlich die Meisterschale an Kapitän und Torhüter Lukas Hradecky übergeben wurde, herrschte die pure Glückseligkeit. Das konnte man bis unter das Dach der BayArena spüren. Peter Bauer (66) von den »Küsten-Löwen« zum Autor: »Ich habe immer gesagt: Ich möchte einmal erleben, dass der Kapitän von Bayer Leverkusen die Meisterschale überreicht bekommt – und dann sterben. Anders gesagt: Ich bin sowas von glücklich.«
26. Mai 2024: In der BayArena warteten die Fans nun auf die Mannschaft. Die ARD hätte sich für die Geduldsprobe bis zur Ankunft des Meister-Konvois keinen besseren »Anchorman« wünschen können, als Reiner Calmund. Man brauchte ihm in Interviews gar keine Fragen zu stellen, er beantwortete sie in Monologen alle selbst…
Calmund: »Auch Christoph Daum war ein Glücksfall, aber Alonso kam hier als perfekte Lösung rein. Er war als Spieler immer der verlängerte Arm seiner Trainer als zentraler Mittelfeldspieler, war Weltmeister, Champions-League-Sieger mit Real Madrid und Liverpool, ein großer Glücksfall für uns. Im Februar spielten wir gegen Bayern München (3:0, der. Autor.) und fünf afrikanische Spieler fie-

Maskottchen »Brian the Lion« lässt sich auf dem Leverkusener Meister-Korso im nagelneuen MG Cyberster feiern.

Unten: Der MAN Korso-Truck mit der Meister-Mannschaft von Bayer Leverkusen.

len aus oder standen nicht zur Verfügung. Aber Alonso hat sich nicht beklagt und er hat die zweite Garde damit stark gemacht. Nach dem Spiel gegen Bayern hab ich ihn heiliggesprochen, als er mit dem gesamten Betreuerteam in die Kurve ging. Als die Meisterschaft dann da war, war das ein unglaubliches Gefühl, ich habe richtig geweint.«

»SIEGER FAHREN MAN«

Robert Andrich staunte indes auf der Strecke: »Alles ist surreal, wie im Traum«. Der Neu-Nationalspieler und die Bayer-Mannschaft grüßten von einem MAN-Truck. Im zweiten Meister-Truck fuhren Trainer-, und Betreuerteam und weitere Staff-Mitglieder.
Als fahrende Partyfläche für den Triumphzug diente der »Korso-Truck«, ein in den Leverkusener Vereinsfarben lackierter Umbau auf Basis eines MAN TGX. Die 400 PS starke Sonderanfertigung des MAN Truck Modification Center in Wittlich ist speziell auf die Anforderungen Paraden und Autokorsos zugeschnitten.
So wurde das Dach des Fahrerhauses abgenommen und auf das dreiachsige Fahrgestell eine partyfeste Plattform mit Geländern aufgesetzt, auf der 60 Personen feiern können. Getränke, Musik und natürlich auch eine Toilette sind für die Spieler an Bord. Die Sonderanfertigung ist 12,8 Meter lang, 3,5 Meter breit und vier Meter hoch.
Unter dem Motto »Sieger fahren MAN« war der Korso-Truck in Leverkusen 2024 zum achten Mal im Einsatz, davor standen Einsätze unter anderem bei den Pokalfeiern von RB Leipzig (2023) und Borussia Dortmund (2017).
Bayer 04 Leverkusen ging als Tabellenführer mit vier Punkten Vorsprung vor Bayern München, aber auch mit einem neuen offiziellen Automobilpartner ins Kalenderjahr 2024.
Zum 1. Januar 2024 konnte die Bayer Leverkusen Fußball GmbH die Kooperation mit dem Autobauer MG bekannt geben.

»HOMECOMING« MIT HISTORISCHEM MORRIS

MG – Morris Garages, das britische Traditionsunternehmen mit Sitz in Birmingham, gehört seit der Insolvenz der Rover-Gruppe 2005 zur Nanjing Automobile Group.
Inzwischen hat sich MG Motors – mit einem 1984 in China begonnenen Joint Venture mit Fahrzeugen der Volkswagen AG und von General Motors – zu einem der größten Automobilherstellern Chinas etabliert und produzierte mehr als fünf Millionen Fahrzeuge pro Jahr.
So fuhren neben den beiden Meistertrucks gleich drei MG-Autos bei Bayer Leverkusens »Homecoming« am 26. Mai 2024 mit. Dazu gehörte der historische MG Y, auch »Y-Tourer« genannt. Der 1949 in Abingdon nahe Oxford (Großbritannien) gebaute Klassiker wurde ursprünglich nach Kalifornien geliefert.
Dort erstand ihn 1995 sein heutiger Besitzer, Karl-Heinz Borchers. Das seinerzeit einzige Fahrzeug dieses Typs in Deutschland wurde innerhalb von vier Jahren restauriert.

MIT DIESEM MEISTER-AUTO WAR DER LÖWE LOS

Ein aktuelles Modell im Leverkusener Meister- und Pokal-Korso war der MG Marvel R Electric, ein rein elektrischer und luxuriös anmutender SUV mit Allrad-Antrieb und 288 PS.

Aus dem rein elektrischen MG Cyberster, der den deutschen Markt im Laufe des Jahres 2024 erreichen sollte, grüßte das neben Reiner Calmund und seinem legendären Assistenten Wolfgang »Tricky Dicky« Karnath, der im November 1989 im Wiener Praterstadion während des WM-Qualifikationsspiels gegen Österreich (0:3 / Drei Tore von Anton »Toni« Polster) die DDR-Nationalspieler Andreas Thom, Ulf Kirsten und Matthias Sammer für einen Transfer in die Bundesliga ansprach, größte Unikum bei Bayer Leverkusen: Es war das Maskottchen Brian, the Lion. Der plüschige Löwe trat erstmals 2002 beim DFB-Pokalfinale in Berlin gegen den FC Schalke 04 (2:4) in Erscheinung und sicherte sich 2016 die offizielle Maskottchen-Meisterschaft der Bundesliga.
Nun fuhr der pelzige Geselle im Mai 2024 im dunkelroten MG Cyberster-Roadster der ersten Leverkusener Bundesliga-Meistermannschaft voraus. »Surreal«, würde Robert Andrich sagen. Aber wahr.

Doublesieger 2024: Der Meister-Truck bahnt sich den Weg durch Leverkusen.

KEVIN KEEGAN

DER AUTO-KING VOM HSV

Der Hamburger SV hatte in der Bundesliga-Ära viele große Spieler unter Vertrag. Von »Kaiser« Franz Beckenbauer über den Schachspieler und Strategen Felix Magath, das zeitlose Idol »Uns Uwe Seeler« bis zum »Tulpen-Beckham« Rafael van der Vaart. Der spektakulärste Transfer war allerdings der von Kevin Keegan 1977. Der englische Offensivspieler vom FC Liverpool brachte den Glamour, Musik und noble Autos zum HSV.

Ein heißer Sommertag Anfang August 2002 in Hamburg. Der Premier-League-Aufsteiger Manchester City und sein in der Hansestadt nicht eben unbekannter Trainer Kevin Keegan lockten zum letzten großen Testspiel vor dem Saisonstart der Bundesliga nur 33.087 Zuschauer in die AOL Arena. Das Siegtor für Hamburg in diesem Sommer-Kick gelang dem Tschechen Tomas Ujfalusi per Kopf, Plakate hatten Rückkehrer Keegan zuvor mit der Meisterschale auf dem Hamburger Rathausmarkt gezeigt.

Pure Nostalgie, die die Sehnsucht des HSV nach den großen Zeiten

Mit Schirm, Charme und britischem Taxi: Kevin Keegan, ein Fußball-Entertainer.

Keegans Rückkehr nach Hamburg im August 2002 mit Manchester City.

Keegans Rückkehr nach Hamburg im August 2002 mit Manchester City.

in den 1970er- und 1980er-Jahren ausdrückte, als der Klub zwei Europapokale und drei deutsche Meisterschaften gewann.
Kevin Keegan zurück in Hamburg – einer der ersten Superstars der Bundesliga war wieder an alter Wirkungsstätte.

> **»ICH BIN NICHT ENTTÄUSCHT, SONDERN NUR ENTTÄUSCHT.«**
> **KEVIN KEEGAN**

Kein anderer Transfer brachte den HSV europaweit so in den Fokus wie die Verpflichtung des Offensivspielers vom FC Liverpool, damals im Jahr 1977 Kapitän der englischen Nationalmannschaft.

»HOLLYWOOD IST TOT – ES LEBE DER HSV!«

Es war ein Impuls, eine spontane Eingebung. HSV-Präsident Dr. Peter Krohn weilte 1977 in London. Er war eigentlich in der britischen Hauptstadt, um Stan Bowles von den Queens Park Rangers zu holen. Super Idee. Jedenfalls im Prinzip. Auch »Stan, the Man", wie der 2024 verstorbene Offensiv-Allrounder genannt wurde, war ein Entertainer.
Aber irgendwie war das mit Keegan doch die bessere Idee... In einer BBC-Fernsehsendung sah und fand »Krohn, der Große", wie der legendäre HSV-Präsident bis heute in Hamburg genannt wird, Kevin Keegan. Der englische Nationalspieler war gerade mit dem

FC Liverpool Europapokalsieger der Landesmeister geworden. Keegan wirkte unzufrieden. Er sprach im BBC-Fernsehen offen davon, dass er »eine neue Herausforderung" suche. Krohn erkannte sofort, was für eine einmalige Gelegenheit sich da für den HSV bot. Er verpflichtete den Engländer tatsächlich. Und frohlockte: »Hollywood ist tot, es lebe der HSV!«

»GÄBE ES KEVIN KEEGAN NICHT, MAN MÜSSTE IHN ERFINDEN.«
HORST HRUBESCH

Nicht ganz übertrieben. Für die damalige Bundesliga-Rekordsumme von umgerechnet 1,15 Mio. Euro kam Keegan in die Bundesliga. Damit war der Belgier Roger van Gool, den der 1. FC Köln 1976 für umgerechnet 500.000 Euro vom Club Brugge in die deutsche Fußball-Eliteklasse lotste, als Rekord-Transfer der Bundesliga abgelöst.

»Es war damals so, als würden heute Messi oder Ronaldo in die Bundesliga kommen«, so beschrieb HSV-Legende Bernd Wehmeyer später die Dimension dieses Transfers.

Im Sommer 1978 tauchte mit Welt- und Europameister Günter Theodor Netzer der nächste Weltstar in Hamburg auf. Netzer wurde neuer Manager des HSV. Er sollte eine Erfolgsära mitprägen. Vor allem aber sollte er Kevin Keegan beim HSV halten. »Keegan sagte nur: Damit du Bescheid weißt: Ich will hier weg«, erzählte Netzer später.

Keegan blieb – auch dank von Netzer eingeholter, lukrativer Werbeverträge. Der Superstar führte den Hamburger SV mit 17 Toren 1978/79 zur ersten Deutschen Meisterschaft der Bundesliga-Ära. »The Mighty Mouse" (Dt.: »Die mächtige Maus«), wie der nur 1,70 m große Stürmer aus der Grafschaft Doncaster genannt wurde, holte sich noch einen Titel.

Kevin Keegan wurde 1979 zum zweiten Mal nacheinander »Europas Fußballer des Jahres". »Er war der erste Popstar der Liga", ist sein Weggefährte Horst Hrubesch bis heute sicher, »gäbe es Kevin nicht, man müsste ihn erfinden."

Die englische Nationalmannschaft mit Kevin Keegan (3. v. r.) und Bobby Moore (6. v. l.) vor dem Teambus beim Länderspiel gegen Österreich 1973 in London.

REPORTER-GESPRÄCH AUF DER MOTORHAUBE

Mit Keegan kam nicht nur die europäische Spitze nach Hamburg – 1980 erreichte der HSV das Finale der Landesmeister – sondern auch die Show. Der oft als bürgerlich-konservativ beschriebene hanseatische Vorzeigeklub wurde über Nacht sexy.
Nicht zuletzt, weil Kevin Keegan auch singen konnte. Seine Single »Head over Heels in Love«, eingespielt mit Chris Norman von »Smokie«, wurde ein Hit. In Deutschland erreichte die Scheibe ab Juni 1979 Platz 10 der Verkaufscharts. »Er kam als Weltstar zum HSV, aber er hat nie einen Autogrammwunsch abgeschlagen«, erzählte Bernd Wehmeyer zum 70. Geburtstag von Kevin Keegan am 14. Februar 2021 dem Kicker-Sportmagazin.
Und wohl auch keinen Gesprächswunsch eines Journalisten. Ein berühmtes Foto zeigt Kevin Keegan lässig auf der Motorhaube seines Mercedes-Benz W123 mit Pinneberger Kennzeichen und im regen Austausch mit der Kicker-Reporter-Legende Rainer Holzschuh.
Einen dunklen Benz fuhr Keegan ab 1978, nach seinem Wechsel zum HSV.
Auch im Kreise seiner Teamkollegen um Horst Hrubesch und Peter Hidien sah man den neuen Star der Hamburger auf der Haube eines Mercedes-Benz, diesmal diejenige eines R107.

KEVIN ALLEIN AUF DATSUN

Keegan vor Autohäusern – Diese Motive gab es in seiner Zeit beim HSV, als er bei Walter Burmester in Elmshorn (Schleswig-Holstein) zwischen zwei Modellen von Mercedes-Benz posierte, aber auch in seiner noch erfolgreicheren Zeit beim FC Liverpool.
Mit den »Reds« gewann Kevin Keegan drei Mal die englische Meisterschaften und drei Europapokale (UEFA-Pokal 1973, 1976, Europapokal der Landesmeister und Vorgänger-Wettbewerb der Champions League 1977).
1974 sah man ihn mit seinem dritten Datsun vor dem Auto-Showroom von Park Motors, 144 bis 156 Prescot Road in Liverpool, sieben Autominuten südöstlich vom Stadion an der Anfield Road. Später war dort die Firma Parkfield Motors UK beheimatet.

Kevin Keegan vor dem Autohaus Park Motors in der Prescott Road in Liverpool, mit seinem nagelneuen Datsun.

Keegan am Steuer - 1977 auf dem Weg zum Europapokalspiel der Landesmeister, FC Liverpool gegen AS St. Etienne.

Lässig auf seinem Mercedes-Benz sitzend gibt Kevin Keegan Reporter-Legende Rainer Holzschuh ein Interview.

Keegan fuhr einen Datsun 260Z, den die Japaner von Nissan zwischen 1969 und 1978 bauen ließen. Ab Anfang der 1980er wurden alle produzierten Wagen auch unter der Marke Nissan ausgeliefert. Auf dem japanischen Markt hatte der 260 Z den Zusatz »Fairlady«, 500.000 verkaufte Wagen in neun Jahren ließen die Z-Reihe für Datsun zu einem großen kommerziellen Erfolg werden. In Deutschland lag der Preis des Ende 1973 eingeführten Sportwagens bei umgerechnet 8.500 Euro.

KK 33 – EIN AUTO ALS KÖDER FÜR KEEGAN

Nach heutiger Rechnung 23.000 Euro kostete Keegans BMW 732i, auf den er bei seinem Wechsel 1982 zu Newcastle United umstieg. Ein Erfolgs- und Statussymbol für den berühmten Fußballer, aber in diesem speziellen Fall eines mit Tücken. Der 732i war ab 1980 das Topmodell der Münchner, erreichte dank Turbolader eine Leistung von 185 kW.

Keegan durfte den von Paul Bracq designten, 1968 in Produktion gegangenen Wagen der Oberklasse nur so lange behalten, wie er für die »Magpies« von Newcastle United spielte. Zwei Jahre lang fuhr er mit dem programmatischen Nummernschild KK 33 auf der Insel.

Bei Mediastorehouse.com wurde das Foto, das den von Fans umlagerten Newcastle-Star auf dem Auto sitzend zeigte, zu einer »ikonischen Szene« verklärt: »Sie erinnert an Keegans einzigartige Identität als Teil der Fußballkultur und der Pop-Gesellschaft in bewegten Zeiten.«

2020: RESTAURIERTER JAGUAR

Das berühmteste Auto von Kevin Keegan war jedoch ein Jaguar E-Type V12 (Roadster) mit neu entwickeltem 5,3-Liter-V12-Motor aus dem Jahr 1972. Dieser Wagen wurde 2020 von dem neuen Besitzer, einem privaten Sammler aus Middlesex im Südosten Englands, aufwändig restauriert.

Das Auto behielt trotz der Restauration seinen Charme, mit dem es 1972 vom Band ging. Ein Unfall hatte den Sportwagen-Klassiker aus den 70er-Jahren stark ramponiert. Eine Untersuchung ergab aber, dass die meisten Schäden am ehemaligen Keegan-Auto nur oberflächlich waren und dass das Chassis noch intakt war.

Höchste Priorität hatte für den Eigentümer die Wiederherstellung des Wagens in seiner ursprünglichen Farbe (Willow Green).

Marcus Holland, Gründer der ausführenden Werkstatt E-Type UK war stolz: »Mit der prominenten Vergangenheit durch den früheren Besitzer Kevin Keegan, war es für uns harte Arbeit, den Wegen auf Fabrikstandard zurückzubringen, mit der Lackierung in Willow Green am Ende. Nicht nur wir sind erfreut, dass unser Kunde sein Auto im perfekten Zustand zurückerhielt, es ist uns eine Ehre, ein Teil der lebendeigen Geschichte eines der ikonischsten britischen Sportautos gewesen zu sein.«

Mit seinem E-Type reihte sich Keegan ein in eine Reihe von Prominenten Jaguar-Fans. Die Liste bekannter E-Type-Besitzer liest sich die das Who's who der frühen 1970er-Jahre: Tony Curtis (»Die Zwei«), Cary Grant (»Über den Dächern von Nizza«), Sir Elton John, Frank Sinatra und Beatle George Harrison (vgl.: »Baby, you can drive my car – Die Autos der Beatles«) fuhren einen E-Type.

Ein Auto, das in die Zeit passte. Zu Keegan – und zu wunderbaren Jahren in Anfield und in Hamburg.

Nach seinem Abschiedsspiel am 17. Mai 1984 in Newcastle verließ Kevin Keegan das Stadion St. James' Park mit dem Helikopter.

FA Cup-Sieger 1974: Der FC Liverpool mit Kevin Keegan (l.) und dem legendären Coach Bill Shankly (»Es gibt zwei Top-Teams in Liverpool: FC Liverpool und FC Liverpool Reserve«) fahren im Bus durch die Metropole an der Merseyside.

KK 33 - Dieser BMW 732i, den Newcastle United ihm zur Verfügung stellte, erwies sich für Kevin Keegan als tricky...

JÜRGEN KLOPP

VOLLGAS-FUSSBALL UND EIN AUTO-KUNSTWERK

Jürgen Klopp prägte in der Bundesliga und in der englischen Premier League bei Mainz 05, Borussia Dortmund und beim FC Liverpool eine Erfolgs-Ära. Seinen Spielstil bezeichnete er als »Vollgas-Fußball«, ein Neologismus nach dem englischen Begriff »Full Throttle Football«. Die Karriere des späteren »Welttrainers« begann mit der Eingebung eines Autohändlers.

23. Mai 2004. Vor der Nordtribüne des Mainzer Bruchweg-Stadions stand ein Mann im Innenraum, der mit seinem cremefarbenen Leder-Sakko und schwarzem Hemd sofort auffiel. Der Südwest-Dandy griff ständig zu seinem Handy. Dieser im alles entscheidenden Zweitliga-Spiel gegen Eintracht Trier unruhig hin- und her wippende Typ war Christian Heidel, der (damals noch) ehrenamtlich tätige Manager des 1. FSV Mainz 05.

EIN AUTOHÄNDLER UND DAS »MAKING OF« DES WELTTRAINERS

Ein Unikum im deutschen Profifußball in den 2000er-Jahren. Im Hauptberuf war der Mainzer Autohändler. Er hatte sich schon in jungen Jahren mit 20 Prozent als Anteilseigner bei einem Autohaus

»This is the Klopp-Rock« - So feierten die englischen TV-Kommentatoren Jürgen Klopps Ankunft beim FC Liverpool 2015.

Die Macher des Mainz-Aufstiegs: Jürgen Klopp (l.) und Manager Christian Heidel. Die beiden, hier in der neuen Mainzer Arena zu sehen, verbindet eine lange Freundschaft.

Das »Kloppocar« on Tour 2020 im Stadion von Dresden (oben), mit Motiven und mehr als 800 Unterschriften (unten).

eingekauft. Mainz 05 (»Ich hab das nie als Job gesehen«) machte er eher so nebenbei. Weiter vorn tigerte einer durch die Coaching-Zone, ohne den das alles in Mainz ebenfalls undenkbar gewesen wäre. Der Name des Trainer-Vulkans: Jürgen Norbert Klopp, seit 2001 Coach des FSV.

Er gab Anweisungen, er brüllte, er gestikulierte. Er wollte den Traum der Mainzer vom Aufstieg in die erste Bundesliga endlich wahr machen. In den vorangegangenen beiden Spielzeiten scheiterte der Klub aus Rheinhessen episch – und jeweils am letzten Spieltag. »Kloppo«, wie sie den Langen in Mainz nannten, war auch 1997, beim ersten Sturmversuch der Mainzer auf die Bundesliga als Spieler dabei – man scheiterte mit einem 4:5 beim VfL Wolfsburg. Seitdem gehörte der traditionell mit Volkswagen verbundene Verein aus der Autostadt durchgehend zum Establishment des deutschen Fußballs, gewann 2009 sensationell die Deutsche Meisterschaft und 2015 gegen Klopp und seinen BVB den DFB-Pokal.

Zurück ins Jahr 2004: Der überbordenden Freude in der kleinen, behelfsmäßig mit Zusatz- und Stahlrohrtribünen aufgerüsteten Arena am Bruchweg, traute Heidel nach 23 Minuten noch nicht. Zu tief hatten sich die Bilder der weinenden Mainzer Spieler, Fans und Verantwortlichen nach den Nicht-Aufstiegs-Dramen der letzten Jahre in Wolfsburg, Berlin und Braunschweig in sein Bewusstsein eingegraben. »Wir waren schon öfters drin in den letzten Jahren«, sagte Heidel mit ironischem Unterton in der Stimme, »dafür können wir uns nix kaufen. Ist mir egal.«

»CONOR CASEY? ICH ADOPTIER DICH!«
JÜRGEN KLOPP ÜBER CONOR CASEY, DESSEN 1:0-SIEGTOR FÜR KARLSRUHE GEGEN AACHEN 2004 DEN BUNDESLIGA-AUFSTIEG FÜR IHN UND MAINZ 05 MIT ERMÖGLICHTE.

Um 15.43 Uhr war der Bann gebrochen: Der Karlsruher SC führte mit 1:0 gegen den Mainzer Aufstiegskonkurrenten Alemannia Aachen. »Kloppo« ballte die Faust, als würde er seinen Jungs zurufen: »Jetzt oder nie!« Heidel hatte schon jetzt Mühe, seine Tränen zurück zu halten. Um 16.23 Uhr erzielt Manuel Friedrich, der als erster

ALL-INKL.COM
BVB

Oben: Jürgen Klopps Opel Insignia.

Kloppo im Training und an der Seitenlinie: Kaum ein anderer Trainer der Moderne verstand es, besser, das Fußballgeschäft mit Ironie und Humor zu nehmen.

deutscher Nationalspieler von Mainz 05 Geschichte schreiben sollte, das 2:0. Mit einem 3:0 über Eintracht Trier und einem 1:0 des KSC im Parallelspiel gegen die Aachener war der Aufstieg perfekt, auf den sie so lange gewartet haben. »Das ist das, was wir seit drei Jahren versucht haben und wir sind jetzt einfach happy. Ich glaub, wir haben's auch schwer verdient«, sagte Heidel mit Tränen in den Augen am ZDF-Mikrofon.
In der Kabine konnte Klopp den Aufstieg zwar noch nicht wirklich fassen, aber erklären. Und zwar genau auf die ironisch-intelligente Art, mit der er in Mainz, aber auch später als TV-Experte im ZDF sowie als Coach bei Borussia Dortmund und beim FC Liverpool alle in seinen Bann ziehen sollte. »Drei Jahre lang so ein Zeug zu machen und dann am Ende es so zu schaffen, was für ein Drehbuch«, sagte Klopp dem SWR, »wer hat eigentlich das Tor für Karlsruhe gemacht? ...Ok, Conor Casey! Ich adoptier dich...«
Ein typischer Klopp. Wie kaum ein anderer versteht es der Motivationskünstler, das mitunter brutale Fußball-Business mit feinsinnigem Humor zu brechen. Das konnte vor ihm eigentlich nur George Best (1946 – 2005 / »David Beckham kann nicht köpfen, ist schwach im Zweikampf, macht wenig Tore. Abgesehen davon ist er ganz gut.«).
Gemeinsam mit Christian Heidel hatte Klopp einen Klub in die Bundesliga geführt, der in Rheinland-Pfalz lange keine große Nummer war. Im Schatten des beinahe kultisch verehrten 1. FC Kaiserslau-

Jürgen Klopp am Steuer. 2012: Ankunft von Jürgen Klopp bei einer Pressekonferenz bei der Opel AG in Rüsselsheim zur Verkündung der neuen Auto-Partnerschaft mit Borussia Dortmund.

tern tut sich bis heute jeder Verein zwischen Rhein und Saar schwer, etwas Popularität abzubekommen.

Auf Kriegstrümmern erbaut, war das Stadion am Mainzer Bruchweg lange eine unansehnliche, stimmungslose Anlage mit dem Flair eines Bezirkssportplatzes. Dazu kamen finanzielle Turbulenzen – Mainz 05 drohte mehrfach der Auszugsmarsch aus dem Profifußball. 1976 gab man sogar die Zweitligalizenz zurück und stieg freiwillig in die I. Amateurliga Südwest ab.

Christian Heidel versuchte ab 1989 irgendwie, Seriosität in den Verein zu bringen. Er war damals Geschäftsführer eines Autohauses, sein Vater war Bürgermeister und Baudezernent in Mainz. 1992 rückte er in den Mainzer Vorstand auf. »Mainz ist Heimat, Lebensaufgabe und dieser Klub ist irgendwo auch mein Baby«, sagte er Jahre später der WELT. Und irgendwo auch eine Trainerschleuder. Zwischen 1992 und 2001 wechselte in Mainz 15-mal der Coach. Der letzte Trainer, der nicht mit »Helau« verabschiedet wurde, war Eckhard Krautzun.

28. Februar 2001: Rosenmontag in Mainz und die meisten Fans waren beim großen Umzug, der von SWR-Reporterlegenden wie Günter Jung im TV lange mit so viel Lokalkolorit kommentiert wurde, dass man das Gefühl hatte, mitzufahren.

Auf dem Rasen war die Lage nicht so rosig wie beim Rosenmontagszug: Sieben Spiele in Folge hatte Mainz 05 nicht gewonnen. Heidel saß zu Hause. Für die ARD-Übertragung des Rosenmontagsumzuges mit Günter Jung, mit den »Schwollköpp«, der »Klepper-Garde« oder den »Scheierborzelern«, hatte er keine Muße. »Ich musste mir über einige Sachen klar werden«, sinnierte er Jahre später im Kicker, »ich musste etwas ändern.«

Seine Idee: »Ich dachte an einen Mann aus den eigenen Reihen. Ich dachte, mit so einem kann es auch nicht schlechter werden als mit einem Hochkaräter vom Transfermarkt.« Er dachte an Jürgen Klopp, der 325 Zweitliga-Spiele für den 1. FSV Mainz 05 absolviert mit fast 34 Jahren den Zenit seiner Laufbahn als Spieler schon überschritten hatte.

ROSENMONTAG 2001: KLOPP NEUER MAINZ-TRAINER

»Kloppo wollte doch schon immer Trainer werden«, dachte Heidel bei sich. Er telefonierte mit »Kloppo«, der nicht lange nachdachte. »Christian Heidel ruft an, Kloppo, wir schmeißen Eckhard raus, bla bla bla, kannst Du dir vorstellen, dass du das machst?«, erzählte Klopp später das Gespräch nach, das sein Leben und die Geschichte des FSV Mainz 05 nachhaltig verändern sollte. »Es war etwas spooky, als Klopp Trainer wurde«, erinnerte sich der langjährige Mainzer Torhüter Dimo Wache im Mai 2019 in einem Kicker-Interview, »an dem besagten Rosenmontag saßen Manager Christian Heidel, Kloppo und ich zusammen und beratschlagten, wie es nach der Trennung von Eckhard Krautzun weitergeht. Danach kam gleich die Pressekonferenz, in der Jürgen vorgestellt wurde.« Wa-

> »ALS ICH IN MAINZ WAR, KANNTE MICH DIE GANZE STADT.
> IN DORTMUND KANNTE MICH GANZ DEUTSCHLAND,
> IN LIVERPOOL KANNTE MICH DIE GANZE WELT.«
> JÜRGEN KLOPP ÜBER SEINE POPULARITÄT.

che sagte aber auch: »Dass Kloppo so eine einzigartige Karriere hinlegt, konnte natürlich keiner ahnen, auch wenn seine Art und Weise einmalig ist. Dazu kommt sein großer Fußballsachverstand.«

Klopp selbst drückte das in seiner ihm eigenen Art aus: »Wir waren als nicht trainierbar verschrien, dabei waren wir nur eine Mannschaft, die viele Fragen hatte.« Er kannte die Sprache der Spieler. Schon als Profi gehörte er nicht in die Liga der Phrasendrescher. »Wir stehen seit Monaten unter Druck und du kommst hier an und fragst mich, wovon wir träumen, so einen Scheißdreck hab' ich im Leben noch nicht gehört«, putzte er einmal einen SWR-Reporter ab.

Danach führte Klopp Mainz 05 in der ersten Saison 2000/01 zum Klassenverbleib in der 2. Bundesliga, 2004 in die Bundesliga und ein Jahr später – die Fairness-Wertung der UEFA machte es möglich – bis in die Playoffs des UEFA-Pokals. Im gleichen Jahr meldete das Autohaus, in das Heidel sich eingekauft hatte, Insolvenz an. Erst jetzt wurde der Mainzer Macher festangestellter und hauptberuflicher Manager.

**»ICH HAU DIR AUFS MAUL, DU ASI!«
JÜRGEN KLOPP ZU SEINEM MAINZER TEAM-KOLLEGEN
ANSGAR BRINKMANN.**

Sein nächster Coup nach der Bundesliga (Heidel: »Bundesliga in Mainz ist nischt selbstverständlisch«): Ein neues Stadion für Mainz 05. Schon 2007 holten Heidel und Klubchef Harald Strutz, ebenfalls ein gebürtiger Mainzer, sich die Genehmigung für eine neue Arena in Bretzenheim, 2009 war Baubeginn. 2011 zog Mainz 05 um. Natürlich stilecht mit einem vier Kilometer langen Karnevalsumzug. Mit dem Schweizer Martin Schmidt, noch so ein Glücksgriff von Heidel, erreichte Mainz 2016 in der Europa League erstmals eine Gruppenphase in einem europäischen Wettbewerb. Den Mainzer Umsatz hatte er von drei Millionen (1992) auf 78 Millionen Euro im Jahr 2014 gesteigert.

Das Autohaus von Christian Heidel war insolvent. Aber die Autos des Jürgen Klopp, die er ab 2012 als Trainer von Borussia Dortmund mitunter ziemlich witzig bewarb, wurden Kult.

Parken in Anfield: Jürgen Klopp stellt vor dem Champions-League-Achtelfinale 2019 gegen den FC Bayern München seinen Opel ab.

»KLOPPOCAR« AUF CHARITY-TOUR NACH LIVERPOOL

Eines der Autos, die Klopp als Mainz-Trainer fuhr, war ein schwarzer Mini Cooper.

»Besonders machte das Auto nur sein Fahrer: Jürgen Klopp, der damals als Fußballtrainer beim FSV Mainz damit durch die Gegend fuhr«, schrieb der Nordkurier dazu 2019.

Das »Kloppocar«, wie man es in Mainz nannte, erlebte eine erstaunliche Verwandlung. Eine Gruppe von Fußballverrückten und Klopp-Bewunderern verwandelte den Mini in ein Kunstwerk, nachdem ein Mitglied der Gruppe das frühere Trainer-Auto 2019 im Internet ersteigert hatte. Fast 200 Motive zierten seitdem den Mini – jedes für sich eine Anekdote aus dem Leben des Jürgen K. Via Airbrush sprühte beispielsweise der Dresdner Künstler Erik Born alias TrafficArt die Bilder auf den Wagen, die von Sternstunden des Fußballs, Klopps Karriere und seinen Weggefährten erzählten.

Auf seinen Touren quer durchs Land fanden sich bereits mehr als 800 Unterstützer, darunter 250 Fußballer und Prominente wie der in Liverpool-Kontexten unvermeidliche »Tote Hosen«-Sänger Campino, Paul van Dyk, Helge Schneider, Matze Knop (»Deutschland wird Europameister, Zweiter werden die Italiener und Dritter werden die Tsatziki-Kicker. Das ist absolut sicher. Aber gut, vielleicht kommt's aber auch ganz anders«, 2008) und Leverkusens ehemaliger Macher Reiner »Calli« Calmund mit ihrer Unterschrift auf dem Auto. Der Mini Cooper fuhr bis Liverpool, wo er für den guten Zweck versteigert wurde.

Bei dem britischen Wagen Mini One (Baujahr: 2003) standen da-

Der erste große Erfolg: Bundesliga-Liga-Erhalt und Teilnahme an den UEFA-Cup-Play-off-Spielen 2005 mit Mainz 05.

TRENT ALEXANDER-ARNOLD
JUAN MATA

FUSSBALLSTARS IN DER FORMEL 1

Der englische Nationalspieler Trent Alexander-Arnold und der spanische Welt- und Europameister Juan Mata wissen, wie das Fußball-Business funktioniert. Sie standen beide in vielen großen Finals und gewannen beide die Champions League, die »Königsklasse« des Fußballs. Ende 2023 stiegen die Fußballstars auch in die »Königsklasse« des Motorsports ein – bei Alpine in der Formel 1.

Großer Preis von Großbritannien am 3. Juli 2022 in Silverstone: In der Boxengasse und im Motorhome lief die Premier League ein. Das größte Motorsport-Ereignis im Vereinigten Königreich, seit 1987 wieder durchgehend auf dem Silverstone Circuit ausgetragen, lockte die Fußballstars aus der englischen Eliteliga in Kader-Stärke auf den Kurs.

»SCHILLERNDE NAMEN«

Der britische Grand Prix ist neben dem Großen Preis von Italien in Monza das einzige Rennen, das seit der Gründung der Formel 1 im Jahr 1954 durchgehend ausgetragen wurde. Ob die Fußballpromis um dieses Detail wussten, ist nicht bekannt. Aber ein zu kleines Star-Aufgebot konnten die Rennställe und die Autogrammjäger an diesem Tag nicht beklagen.

»Der Event ist bekannt dafür, ein Großaufgebot an schillernden Namen anzuziehen«, bilanzierte die britische Zeitung Daily Mail, »und in diesem Jahr gab es einen echten Zustrom von Fußballstars, die ihre Sommerpause genießen.«

Die 75. Auflage des Rennens fand in Carlos Sainz jr. im Ferrari ihren Sieger – der zugleich seinen ersten ersten Grand-Prix-Sieg überhaupt feierte. Der Co-Rekord-Weltmeister neben Michael Schumacher, Lewis Hamilton im Mercedes

Trent Alexander-Arnold entsteigt in Anfield dem Mannschaftsbus des FC Liverpool

Rechts: 3. Juli 2022: Trent Alexander-Arnold lässig beim Großen Preis von Großbritannien in Silverstone, vor dem Formel-1-Boliden von Max Verstappen von Oracle Red Bull Racing.

Trikot-Tausch: Trent Alexander-Arnold und Formel-1-Weltmeister Max Verstappen.

(Stand: 2024), fuhr auf Rang drei aufs Podium. Altmeister Fernando Alonso auf Alpine-Renault sowie Red Bull Racing-Pilot Max Verstappenkamen auf Rang fünf und sieben ins Ziel.

In der Garage des österreichischen Teams Red Bull strahlten Mason Mount vom FC Chelsea, die Niederländer Nathan Aké von Serien-Meister Manchester City und Virgil van Dijk vom FC Liverpool sowie die Ex-Pofis Joleon Lescott und Micah Richards vor den glänzenden Rennwagen für die Fotografen um die Wette. Max Verstappen lud gar zum Trikottausch ein. Der englische Nationalspieler Trent Alexander-Arnold vom FC Liverpool, im Juni 2024 von Nationaltrainer Gareth Southgate für die EURO in Deutschland nominiert, posierte mit Weltmeister Max Verstappen und dessen Red-Bull-Shirt, während der Niederländer ein Trikot der »Reds« von Alexander-Arnold mit der Rückennummer 66 für die Kameras präsentierte. Auch ein Foto des Champions-League-Siegers von 2019 aus Liverpool vor Verstappens Boliden, dem Red Bull Racing RB18, durfte nicht fehlen.

> »DIE FORMEL 1 IST TEAMSPORT UND EINZELSPORT ZUGLEICH.«
> TRENT ALEXANDER-ARNOLD, 2022

»ABSOLUTER FORMEL-1-FAN«

Ex-Formel-1-Fahrer Martin Brundle, nach seiner Rennkarriere als Motorsport-Experte und Field-Reporter unterwegs, gelang es, Alexander-Arnold ein kurzes Interview abzuringen. »Es ist das erste Mal, dass ich hier auf der Strecke bin«, verriet der Außenverteidiger der englischen Nationalmannschaft und des frisch gebackenen FA Cup-Siegers FC Liverpool (2022), »ich bin ein absoluter Formel-1-Fan und obwohl es eigentlich nicht in meinen Terminplan passt, bin ich froh, hier zu sein.«

Was genau faszinierte den Fußballprofi so an der »Königsklasse des Motorsports«? Alexander-Arnold ließ Martin Brundle wissen: »Der Nervenkitzel und die Tatsache, dass es beides ist – Teamsport und Einzelsport, das macht es für ich aus, es ist ein großartiger Sport.«

Mehr als ein Jahr später gehörten die Formel-1-Schlagzeilen wieder

ORACLE
Red Bull
RACING
FIA
BYBIT
ORACLE
TAG HEUER
Hard Rock
1
Cash App
citrix
Tezos
ARCTIC WOLF
PIRELLI
infinitum
Mobil 1
BYBIT
BYBIT
Bull

Pierre Gasly (l.) und Esteban Ocon vor ihrem neuen BWT Alpine A523 Formel-1-Wagen bei der Teamvorstellung am 16. Februar 2023 in London.

Trent Alexander-Arnold. Am 19. Oktober 2023 vermeldete u. a. das Forbes Magazine, dass der Liverpool-Profi zu einer nicht eben namenlosen Investorengruppe beim Sechsten im Konstrukteurs-Ranking gehörte, Alpine-Renault.

Außer Trent Alexander-Arnold beteiligten sich auch der spanische Fußballstar Juan Mata, seit 2023 beim japanischen J-League-Klub Vissel Kobe unter Vertrag, die NFL-Footballer Patrick Mahomes und Travis Kelce von den Kansas City Chiefs, der britische Schwergewichtsboxer Anthony Joshua (zweimaliger Weltmeister, 28 Siege aus 31 Profi-Kämpfen), sowie die Schauspieler Ryan Reynolds (»Safe House«, 2012), Rob McElhenney (»Vertrauter Feind«, Originaltitel: The Devil's Own, 1997) und Michael B. Jordan (»Creed–Rocky's Legacy« / 2015, 2018 und 2023).

Sie stiegen über den Investment Fond Otro Capital mit einem Anteil von 24 Prozent und einem Investitionsvolumen von kolportierten 200 Millionen Euro bei Alpine ein.

Der bisherige Renault-Rennstall gehörte seit 2016 der Formel 1 an und hatte in den ersten beiden Saisons Weltmeister Fernando Alonso im Cockpit. Der Spanier, 2005 und 2006 Sieger der Fahrerwertung für Renault, fuhr in 15 seiner 22 Rennen für Alpine F1 in die Punkte-Wertung.

Der Automobilhersteller Renault, seit 1984 Eigentümer der Marke Alpine, war bereits 1977 bis 1985 und 2001 und 2009 mit eigenen Rennstalls in der Formel 1 vertreten.

»MIT HISTORISCHEM TEAM EMOTIONEN SCHAFFEN«

2023, bei Einstieg der Sportlergruppe, waren die Franzosen Pierre Gasly und Esteban Ocon die Fahrer von Alpine. Sie fuhren in dieser Saison in Monaco und in den Niederlanden auf Rang drei und damit jeweils aufs Podium.

»Die Formel 1 wächst und ist konstant innovativ«, sagte Juan Mata der spanischen Zeitung El Pais über sein Investment, »sie bewegt immer mehr Menschen und für mich ist das eine hervorragende Gelegenheit, Teil eines Systems zu werden, das mit diesem histo-

Gasly im BWT Alpine 523 auf der Rennstrecke.

Welt- und Europameister Juan Mata nimmt die Alpine-Cockpits unter die Lupe.

adidas
FINAL MUNICH 2012
SAMSUNG
10
25
CFC

Juan Mata (vorn) mit Thomas Müller im legendären »Finale dahoam« FC Bayern gegen FC Chelsea (3:4 n. E. / 1:1 n. V.) in der Champions League 2012 in München.

4. Juni 2023: Beim Großen Preis von Spanien in Barcelona nimmt sich Trent Alexander-Arnold Zeit für ein Selfie mit Team-Mitgliedern von Aston Martin.

rischen Team so viel Emotion schafft.« Große Emotionen weckte der spanische Mittelfeldspieler Juan Mata bei den Fußballfans seines Heimatlandes durch seinen Beitrag zum Gewinn der Weltmeisterschaft 2010 in Südafrika und der EURO 2012 in Polen und der Ukraine.
Aber auch in England lagen ihm die Supporters des FC Chelsea und von Manchester United bei Europapokal-Triumphen mit dem FC Chelsea und Manchester United, 2012, 2013 und 2017, zu Füßen. Unter anderem gehörte Mata am 19. Mai 2012 zur Startelf der »Blues«, die den FC Bayern München im unvergessenen »Finale dahoam« in der Champions League in der heimischen Allianz Arena eine schmerzhafte Niederlage im Elfmeterschießen zufügte. Ein Stück Europapokalgeschichte, welches der Autor einen ganzen Tag lang als Live-Redakteur begleiten durfte.

»NEUGIERIG AUF DIE FORMEL-1-WELT«

2022, beim Deal mit Otro Capital und Alpine, stand Juan Mata nach 16 Profijahren im Herbst seiner Karriere, die 2006 in der zweiten Mannschaft von Real Madrid, dem FC Castilla, begonnen hatte.
Für den 41-fachen Nationalspieler Spaniens war der Einstieg in die Formel 1 auch ein Blick über den Spielfeldrand hinaus. Mata im Guardian: »Ich habe mich immer gern von kreativen Menschen inspirieren lassen und wenn ich Zeit für mich habe, löse ich mich gern vom Fußball.«
»Ich bin sehr neugierig, was ich von der Formel-1-Welt lernen kann«, erklärte Mata, der sich als »strategischer Investor bei Alpine Racing Limited« sieht, über seine Homepage (juanmata8.com) desweiteren, »man hat selten die Chance, einem historischen Team wie Alpine beizutreten. Ich freue mich auf dieses neue und sehr differenzierte Abenteuer.«
»Dieser Sport«, sagte Trent Alexander-Arnold, »bringt Teamarbeit, punktgenaues Arbeiten und Innovation in einem immer unter Druck stehenden Umfeld zusammen, das sind Aspekte, die der Fußball und die Formel 1 gemeinsam haben.«
Innovativ – ein Stichwort für die fußballerische Leistung des Trent Alexander-Arnold (»TAA«). Der Autor konnte sich von seinen Freistoßkünsten 2017 im Champions-League-Playoff-Hinspiel mit

dem FC Liverpool beim deutschen High Flyer TSG 1899 Hoffenheim in Sinsheim (1:2) selbst überzeugen. Alexander-Arnold traf aus 25 Metern zum 1:0 für die »Reds« – »Was für ein Streich, was für ein wichtiges Tor für Liverpool«, jubelte der britische BT-Reporter am Mikrofon.
Noch einfallsreicher zeigte sich der damals 20-Jährige im Halbfinal-Rückspiel der Champions League gegen den FC Barcelona (2019). Der FC Liverpool hatte das 0:3 aus dem Hinspiel in Camp Nou gegen jede Chance egalisiert. In der 79. Minute tat Alexander-Arnold vor einer Ecke von der rechten Seite so, als wolle er den Ball einem Mitspieler überlassen und täuschte einen Abgang vom Eckballpunkt vor. Dann aber änderte er blitzschnell die Laufrichtung, brachte den Ball scharf herein und der belgische Stürmer Divock Origi vollendete zum 4:0.
Liverpool stand damit im Finale von Madrid, wo man das England interne Duell gegen Tottenham Hotspur und Harry Kane 2:0 gewann. Alexander-Arnold stand dabei in der Anfangsformation des deutschen Trainers Jürgen Klopp, der nach dem Spiel in der Pressekonferenz in Anfield den Überraschungsmoment des früheren Liverpool-Akademiespielers, den er 2016 in den Profikader holte, so kommentierte: »Wir wissen alle, dass man in einem solchen Spiel Glück braucht – oder einen Genie-Moment von Trent Alexander Arnold. Wow! Ich sah den Ball fliegen und hatte keine Ahnung, wer die Ecke ausgeführt hat und wer getroffen hat. Das ging zu schnell für mich.«

Offensichtlich auch für den FC Barcelona und Lionel Messi...
Trent Alexander-Arnold – ein Gesicht des modernen FC Liverpools – und Juan Mata, ein Superstar des Rivalen Manchester United. Eigentlich Fußball-Rivalen, die aber für ihr Investment in der Formel 1 sämtliche Spitzfindigkeiten beiseiteschoben. Liverpool gegen Manchester United gehört zu den größten Derbys im englischen Fußball.
»Fußballstars gehören zu den reichsten Sportlern der Welt«, fasste das Portal essentiallysports.com im Oktober 2023 unmittelbar nach dem Formel-1-Deal mit dem Rennstall Alpine, der bis zur Drucklegung dieses Buches in der Formel-1-Saison 2024 (nach acht Rennen) nur auf Platz neun der Konstrukteurs-Wertung lag, zusammen, »während einige einen verschwenderischen Lebensstil pflegen, bauen andere Portfolios auf, die über ihre Karriere als Fußballer hinaus gehen. Liverpools Vize-Kapitän Trent Alexander-Arnold hat diesen Schritt gewagt, er hat in ein Formel-1-Team investiert – und dafür auch die lange Rivalität mit einem Star von Manchester United weggeworfen.«

Trent Alexander-Arnold, Harry Kane (m.) und ihre Mitspieler erreichten mit England bei der EURO 2024 in Deutschland allen Kritikern zum Trotz das Finale.

Trent Alexander-Arnold in Barcelona beim Shakehands mit Stefano Domenicali, dem Geschäftsführer der Formula One Group.

Ein Local Hero: Wandgemälde von Trent Alexander-Arnold in der Sybil Road, unweit des Anfield Stadium in Liverpool. »Ich bin nur ein normaler Bursche aus liverpool, dessen Träume wahr geworden sind«, ist die Aufschrift.

DIEGO ARMANDO MARADONA

EIN FERRARI IN DER »HAND GOTTES«

Weltmeister Diego Armando Maradona galt als einer der besten und schillerndsten Spieler aller Zeiten. Mit seinem Tod wurde Maradona endgültig zum Mythos. Seine Auto-Armada war – ebenso wie seine Tore und seine Skandale – ein Puzzle-Teil des Gesamt-Kunstwerks »El Diego.«

Avanti, Avanti! Anschnallen und gut festhalten – Es ging durch Neapel. In einem blauen VW Golf und so schnell und risikoreich, als seien die Carabinieri hinter den Auto-Insassen her. Die irre Fahrt durch die Straßen der süditalienischen Metropole eröffnete 2019 eine der – aus Sicht des Autors – besten Dokumentationen über Diego Armando Maradona. Titel: Diego I Maradona vom britischen Regisseur Asif Kapadia.

Am 5. Juli 1984, kurz vor 18 Uhr, jagte ein kleiner Auto-Konvoy durch Neapel. Es galt, den wertvollsten Spieler, den der bis dahin in Italien und international kaum noch beachtete SSC Neapel je verpflichtet hatte, pünktlich ans Ziel zu bringen. Sein Name: Diego Armando Maradona, damals 23 Jahre alt. Um 18.30 Uhr sollte er im Stadio San Paolo, wo 75.000 heißblütige Napoli-Fans warteten, offiziell vorgestellt werden.

DER DAMALS TEUERSTE TRANSFER

Der begehrteste Fußballer des Planeten, für den der große FC Barcelona umgerechnet 7,3 Millionen Euro an die Boca Juniors nach Buenos Aires überwiesen hatte, wechselte nach nur zwei Jahren bei den Katalanen für die damalige Rekord-Ablösesumme von 12 Mio. Euro in die italienische Serie A. Eine Sensation. Ein Coup, der keine unbequemen Fragen duldete. Im überfüllten, stickigen Presseraum drohte Napoli-Präsident Corrado Ferlaino den »Diego, Diego« skandierenden Journalisten, »die Pressekonferenz abzubrechen.«

Ein Medienvertreter, der Maradona die – angesichts des immensen Investitionsvolumens des Transfers berechtigte – Frage stellte, ob er wisse, was die Camorra sei, wurde des Saales verwiesen.

Dass der SSC Neapel, der vor Maradonas Ankunft noch nie italienischer Meister war, seit 1976 (Coppa Italia) auf einen Titel wartete und stets im Schatten der Großkopferten aus dem Norden, AC und Inter Mailand oder des Rekordmeisters Juventus Turin stand, für die Verpflichtung des Argentiniers einen »Konsortialkredit« aufgenommen hatte, war zwar möglich, aber nicht wahrscheinlich.

Andere Autoren wie Jean-Christophe Rosé, der 2006 die (nicht

Während seiner Zeit in Neapel wurde Maradona von Autogrammjägern belagert - gerade den jungen Fans tat er gern den Gefallen.

Zeittypisch war Maradona 1987 in Neapel in einem Benz der Baureihe W190 unterwegs.

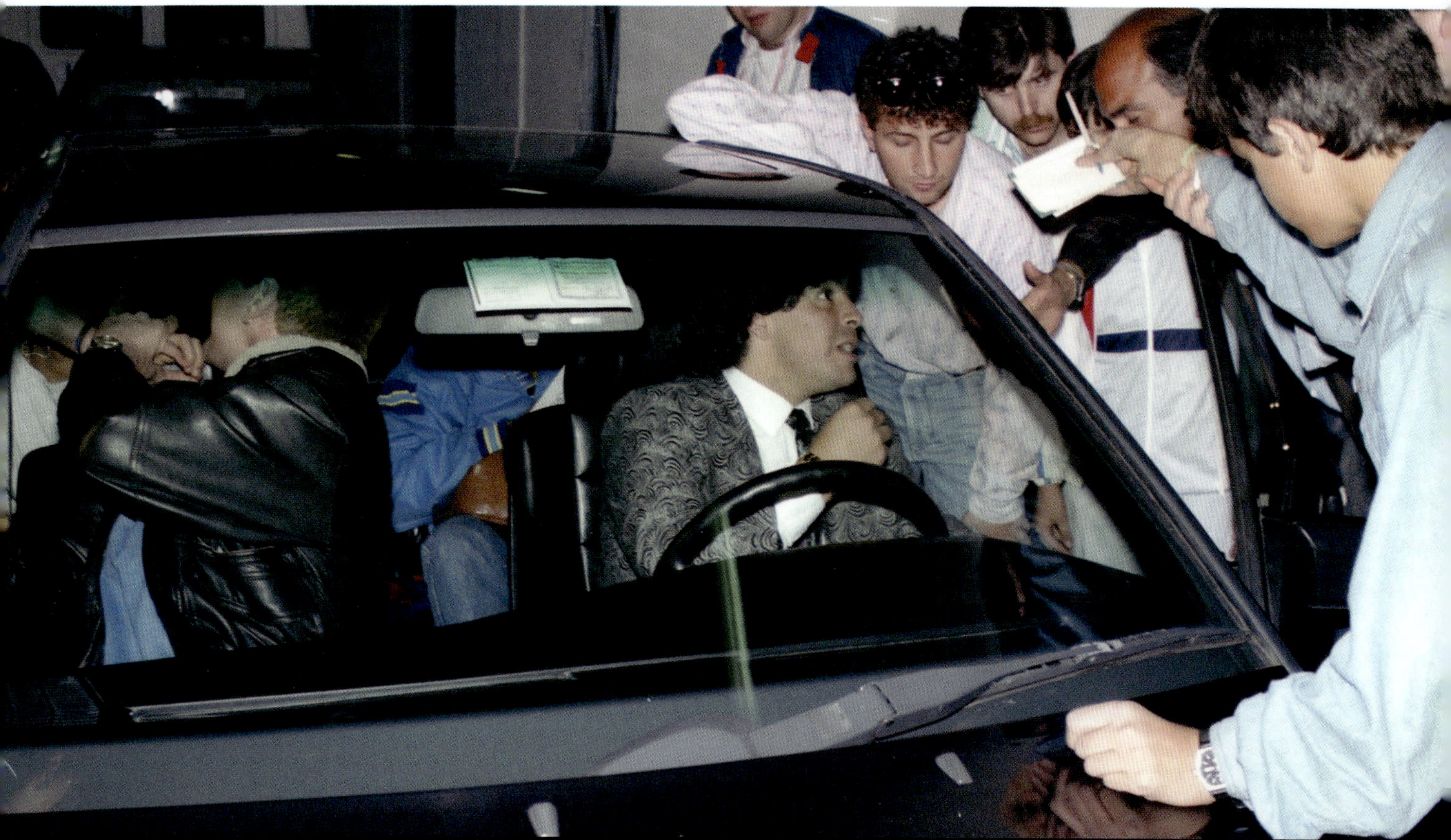

Maradona umringt von Autogrammjägern - die Aufnahme entstand am 8. Mai 1987.

autorisierte) Film-Biographie Maradona, der Goldjunge veröffentlichte, sprachen von einer Kontrolle des Merchandising-Marktes rund um »El Diego« durch die neapolitanische Mafia und davon, dass der Fußballstar (selbstverständlich) keine einzige Lira an diesem Fanartikel-Verkauf verdient haben soll …

MARADONA LEBT WEITER. IN NEAPEL

Doch nun war Maradona in Neapel. Die Fans, die gesamte Stadt, empfingen ihn wie einen Heilsbringer. Wandgemälde, Figuren und Graffitis des Spielers, der den SSC Neapel veränderte, zieren die Stadt bis heute, dokumentieren die unglaubliche Popularität des Mittelfeldspielers. Maradona lebt in Neapel weiter. So etwa als Pixel-Interpretation seines wohl umstrittensten Tors, der »Hand Gottes« im WM-Viertelfinale 1986 gegen England (2:1) in Mexiko-City am Historischen Zentrum in Neapel. Ein Tor, ein Streich, den der bemitleidenswerte englische Nationaltorhüter Peter Shilton nie verwunden hat: »Maradona hatte keinen Sportsgeist.« Der argentinische Superstar hatte die Frage nach der Rechtmäßigkeit des Treffers so beantwortet: »Es war die Hand Gottes und der Kopf Maradonas.« Typisch Maradona.

Oder mit dem ersten Maradona-Wandgemälde von 1990, mit dem Napoli-Fan Mario Filardi nach dem Gewinn der italienischen Meisterschaft (Scudetto) eine Hausfassade in der Via Emanuele de Deo 46 im Quartieri Spagnoli (Dt. Spanisches Viertel) dekorierte. Nach Maradonas Tod am 25. November 2020 benannte der SSC Neapel sein Stadion nach ihm. Im Spanischen Viertel von Neapel gibt es auch ein Gemälde, das Maradona mit einem Heiligenschein zeigt. Gottgleiche Verehrung für einen Fußballstar, der zwei Personen in sich zu vereinen schien (vgl.: Diego I Maradona). Maradona bediente nicht nur alle Klischees des exzentrischen Fußballstars, Maradona war von Beruf Maradona. Auf der einen Seite, der tanzende Fußball-Derwisch, der Tore selbst aus unmöglichen Winkeln erzielen konnte und ein Team jederzeit besser machen konnte, auf der anderen Seite der zügellose Genussmensch und der allzu oft grob und ungehobelt reagierende Straßenkicker aus Lanus, einer trostlosen Vorstadt von Buenos Aires.

Hier begann 1969 die unvergleichliche Fußballerlaufbahn des Diego Armando Maradona, als ein Mitspieler bei den Argentinos Juniors fragte: »Trainer, kann ich einen Freund mitbringen?« Dieser Freund wurde in der Kindermannschaft »Los Cebollitas« (Dt.: Die Zwiebelchen) sehr rasch als Ausnahmetalent ausgemacht und unterhielt schon mit zwölf Jahren in den Halbzeitpausen der Profimannschaft

Links: Diego Maradona und sein legendärer schwarzer Ferrari Testarossa.

Rechts: Mehr als 30 Jahre mussten die SSC-Fans warten, bis mit der italienischem Meisterschaft 2022/23 wieder ein großer Titel ins Haus stand. Maradona schwebt auch bei den Feierlichkeiten über allem.

Unten: Bei den Boca Juniors fuhr Maradona noch einen Porsche 924, später kam ein 911 Carrera 964 (Bild) in seine Sammlung. Der Wagen wurde 2021 bei einer Auktion abgeboten.

die Zuschauer. Kurz vor seinem 16. Geburtstag unterschrieb Diego Maradona bei den Argentinos Juniors seinen ersten Profivertrag.

»ENTFESSELTES STAR-DASEIN IN EUROPA«

In Buenos Aires hatte auch die Auto-Biographie Maradonas ihr erstes Kapitel. Anfangs chauffierte der als »Goldjunge« (El Pipe de Oro) gepriesene Nachwuchsstar seine Jugendfreundin Claudia Villafane, die an seiner Seite bis zur Scheidung 2004 alle Höhen und Tiefen erlebte, in einem Fiat 128/Europa CLS. Diesen verkaufte er im Jahr 1984 und zuletzt wurde das Auto 2009 in Salto, im Norden der Provinz Buenos Aires, gesehen.

Die ersten Jahre mit fünf Auszeichnungen als Torschützenkönig und 116 Treffern in 166 Liga-Spielen für die Argentinos Juniors verhalfen Maradona zu lukrativen Werbe-Deals, u. a. mit Puma und Coca-Cola. Eingefädelt wurden diese von seinem 1977 zum Manager ernannten Jugendfreund Jorge Cyterszpiler.

Der Argentinier mit polnischen Wurzeln, der später auch Bayern-Profi Martin »Micho« Demichelis beriet, wusste genau, was Maradona wert war. DER SPIEGEL schrieb im Mai 1982: »Jetzt hat Jorge seinen mächtigen Bauch hinter einem Schreibtisch versteckt und ist dabei, zwei irischen Reportern, die ein Interview mit Maradona machen wollen, die Preisliste vorzulesen: für ein Zeitungs-Interview 1.000 Dollar, für ein Fernseh-Interview 5.000 Dollar.«

Die frühe und gezielte Vermarktung machte Maradona schon mit 19 zum Dollar-Millionär. Raus aus der Villa Miseria und rein ins Prominenten-Viertel Villa Devoto in Buenos Aires. Das bedeutete auch: Einen Transfer innerhalb Argentiniens – die damals herr-

schende Militär-Regierung verbot dem Fußball-Juwel einen Wechsel ins Ausland. Für 630.000 Dollar Handgeld wechselte Maradona 1981 in Buenos Aires zum renommierten Klub Boca Juniors.

»SAMMLERSTÜCK« FÜR 500.000 DOLLAR

Und das hieß selbstverständlich: Umstieg auf ein neues Auto. »El Diego« leistete sich seinen ersten Sportwagen, einen Porsche 924 mit 125 PS. Zudem spendierten die Boca-Fans einen Mercedes SLC in rot. Da Maradonas ausgewiesene Lieblingsfarbe aber

> »NEAPEL IST NICHT IN ITALIEN.«
> DIEGO ARMANDO MARADONA VOR DEM WM-HALBFINALE 1990 GEGEN GASTGEBER ITALIEN IN SEINER WAHL-HEIMAT NEAPEL.

Schwarz war, sah man ihn in diesem Wagen selten. Er verkaufte den mit einem V8-Motor und 237 PS überzeugenden Benz als »Sammlerstück« im Jahr 2011. Der notorisch klamme Maradona

hatte damit 64.000 Kilometer zurückgelegt und versah das Auto mit einem Preisschild von 500.000 US-Dollar.
Auch der Porsche hielt sich nicht lange. Schon vor seinem Wechsel zum FC Barcelona, unmittelbar nach der Weltmeisterschaft 1982 in Spanien, setzte er ihn auf die Transferliste. Dabei war der deutsche Sportflitzer zuvor eigens auf Wunsch des exzentrischen Jungstars nach Argentinien importiert worden.
Maradona in Barcelona – das war am 28. Juli 1982 ein ähnlich epochales Ereignis für »Mes que un Club« (Mehr als ein Klub) wie zwei Jahre später in Neapel. 50.000 Fans empfingen den Argentinier im Estadio Camp Nou.
In Barcelona litt Maradona mehr, als anfangs bekannt wurde. Er erkrankte an Hepatitis, begann Kokain zu schnupfen und erlitt Ende September 1983 bei einem La-Liga-Spiel gegen den baskischen Traditionsklub Athletic Bilbao mit dem »Schlächter von Bilbao«, dem knallharten Verteidiger Andoni Goikoetxea, der auch Maradonas Teamkollegen Bernd Schuster stationär legte, die Verletzung, die einen ersten Karriere-Knick brachte. Nach einer Operation war Diego Maradona 106 Tage lang zum Zuschauen verdammt. Ein Eklat im Finale der Copa del Rey 1984, immer wieder aufkommende Meldungen über Maradonas Ausflüge ins Nachtleben der Katalanen-Metropole und Handgreiflichkeiten gegen Fans und Autogrammjäger sorgten in der Summe für die Trennung vom FC Barcelona.
Maradona brauchte – trotz einer Jahresgage von kolportierten 1,5 Millionen US-Dollar, die er in Barcelona angeblich verdiente, 1984 einen lukrativen Transfer, um der finanziellen Pleite zu entgehen.

Beinahe hätte »El Diego« den Ferrari wieder zurückgegeben

Die Fans belagerten Diego Maradona meist schon beim Ein- und Aussteigen.

EIN SCHWARZER FERRARI?

Jorge Valdano wurde 1986 gemeinsam mit Maradona Weltmeister. Die fußballerische Ausnahmestellung seines Mitspielers beschrieb der ehemalige Weltklasse-Stürmer von Real Madrid 2014 so: »Er fand für sämtliche Schwierigkeiten auf dem Spielfeld eine Lösung. An erster Stelle war er dafür verantwortlich, Wunder zu vollbringen. Das gibt der Mannschaft jede Menge Selbstvertrauen. Darüber hinaus war das Ausmaß seiner Berühmtheit so gewaltig, dass er im Namen seiner Teamkollegen den gesamten Druck absorbierte. Als Diegos Mitspieler konnte man vor einem Spiel gut schlafen. Man wusste, dass er Dinge vollbringen konnte, die kein anderer zustande brachte.«
»In Neapel«, so wusste der Filmemacher Rosé, »spielte Maradona wieder für einen Klub der einfachen Leute.« Im modebewussten und Auto-verrückten Italien sattelte der Star auch im automobilen Bereich schnell um. Nach seinem größten Erfolg, dem Gewinn der Weltmeisterschaft 1986 mit Argentinien gegen Deutschland (3:2) in Mexiko, bestellte er sich einen damals topaktuellen Ferrari Testarossa. Zu den Fans dieser Auto-Ikone der 80er zählten beispielsweise auch der »King of Pop«, Michael Jackson oder Sylvester Stallone, der den Wagen im Kino-Hit »Rocky IV – Der Kampf des Jahrhunderts« fuhr und bewarb. Klar, dass auch der Fußball-Gott Maradona so einen Wagen brauchte.
Nach der Beinahe-Pleite 1984 hatte sich Maradona von Cyterszpiler getrennt und den erfahrenen argentinischen Geschäftsmann Guillermo Esteban Coppola als Berater engagiert. Die spanische Sportzeitung Marca berichtete im Oktober 2018 zu Maradonas 58. Geburtstag: »Maradona sprach mit Guillermo Coppola über einen schwarzen Ferrari, als die Autos der italienischen Marke grundsätzlich in Rot produziert wurden.«

»DAS IST EIN RENNWAGEN!«

Natürlich bekam Maradonan den Ferrari in seiner Lieblingsfarbe schwarz. Der Wagen, den Coppola und nicht Maradona bezahlte, kostete 430.000 US-Dollar. Dazu kamen 130.000 Dollar für die Umlackierung. Doch zufrieden war Maradona zunächst nicht: »Diego fragte mich nach der Stereoanlage und ich sagte ihm, dass es keine gäbe, weil es ein Rennauto sei«, berichtete Coppola 2018. »Keine Klima-Anlage, nichts«, polterte Diego, und meinte »Ferrari soll

Er kaufte sich ein Auto, dessen beste Zeit ebenfalls vorbei war« – Der Renault Fuego.

sich den Wagen in den Arsch schieben!« Typisch Maradona.
Der schwarze Ferrari von Maradona mit den weißen Lederbezügen war später – bei nur 20.200 gefahrenen Kilometern – im Besitz eines spanischen Sammlers, der seinerseits den Wagen 2014 für 250.000 Euro verkaufte.
Die Weltmeisterschaft 1990 in Italien mit einem vogelwilden Diego Maradona (»Neapel ist nicht in Italien«) als Kapitän von Titelverteidiger Argentinien leitete seinen sportlichen und gesundheitlichen Niedergang ein. Seine Nähe zu einem neapolitanischen Clan, die seit Barcelona kursierenden Gerüchte um seine Kokain-Abhängigkeit und schließlich der Nachweis auf Koks bei einer Dopingprobe am 29. März 1991 nach einem Spiel gegen die AS Bari sorgten für Maradonas »Aus« in Neapel.
Am 1. April 1991 floh er überstürzt nach Argentinien – im Gepäck eine 15-monatige, weltweite FIFA-Sperre für alle fußballerischen Aktivitäten und eine 15-monatige Bewährungsstrafe.

»EIN AUTO, DESSEN ZEIT VORBEI WAR«

Zum 1. Juli 1992 erwartete man den gefallenen Fußball-Gott in Neapel zurück. Schon vor dem Gewinn des UEFA-Pokals im Mai 1989 beim VfB Stuttgart hatte Corrado Ferlaino Maradona in die Hand versprochen, ihm die Freigabe zu einem Transfer zu erteilen, wenn der Europacup-Triumph gelänge. Ein Wechselangebot von Olympique Marseille und seinem schillernden Präsidenten Bernard Tapie wurde von Ferlaino ebenso ausgeschlagen wie Maradonas unrealistische Forderungen – unter anderem verlangte er 9 Millionen US-Dollar als Gage – bei einer Rückkehr nach Neapel.
Da der FC Sevilla Interesse anmeldete, lenkte der Napoli-Boss

schließlich ein und Maradona ging für 7,5 Millionen Dollar zum 1. September 1992 zurück nach Spanien.
Maradonas Fuhrpark hatte sich nach den Skandal-Jahren 1991/92 verändert. Die »Hand Gottes« lenkte nun einen Renault Fuego. In Europa war die Fertigung dieses 1979 eingeführten Sportcoupé auf Basis des Renault 18 zwar bereits 1986 ausgelaufen, doch in Argentinien war der Wagen noch immer fabrikneu zu bekommen. Hier lief die Fertigung noch bis Mitte der 1990er-Jahre weiter. »Er kaufte sich ein Auto, dessen beste Zeit ebenfalls vorbei war«, bilanzierte die Schweizer Zeitung BLICK nach Maradonas Tod (2020) mit nüchterner Ironie.
Mit nächtlichen Ausflügen, Prostituierten-Besuchen und Autofahrten mit überhöhter Geschwindigkeit füllte »El Diego« auch in Sevilla die Klatschspalten.
Nach einer erneuten Doping-Sperre von 15 Monaten, die während der WM 1994 in den USA verhängt wurde und die das Ende seiner

»DIE HABEN VIERECKIGE FÜSSE. DAS SIND ROBOCOPS.«
DIEGO MARADONA BEI DER WELTMEISTERSCHAFT 1998 ÜBER DIE MANNSCHAFT NORWEGENS.

Nationalmannschaftskarriere bedeutete, versuchte es Diego Maradona ab 1995 noch einmal bei den Boca Juniors.
Seine Rückkehr ins Stadion »La Bombonera« wurde zu einem Beben. 49.000 Fans feierten den Doping-Sünder, ein in der Dämmerung gezündetes Feuerwerk über der Arena im gleichnamigen Stadtteil Boca in Buenos Aires verstärkte den mystischen Charakter: »Diego Maradona – und um ihn herum die Nebel seines vergangenen Ruhms«, so resümierte der deutsche Schauspieler Philipp Moog in »Maradona, der Goldjunge.«

Maradonas letztes Auto war ein BMW M4 Coupé – mit einigen extravaganten (und illegalen) Applikationen.

Maradonas kurzes Gastspiel in Brest: Gruß an die Fans aus dem BME-1015 »Husky«.

Der abermalige Nachweis von Kokain führte 1997 zu Maradonas Karriere-Ende als Profifußballer. Geplagt von Übergewicht und gesundheitlichen Problemen, 2000 von einem Herzinfarkt niedergestreckt. Sein zunehmend exzentrisches Verhalten prägte auch seinen Fuhrpark: Neben einem Mini Cooper S kam – zur Abschreckung lästiger Journalisten – auch mal eine Scania-Zugmaschine zum Einsatz.

2018: DER MARADONA-PANZER

Nach einem Intermezzo als Nationalcoach Argentiniens 2008 bis 2010 (WM-Viertelfinale, 0:4 gegen Deutschland) wurden Maradonas öffentliche Auftritte immer bizarrer, die Wahl seiner Trainerjobs immer exotischer.
2011/2012 trainierte er den Klub Al-Wasl in den Vereinigten Arabischen Emiraten. In dieser Zeit fuhr er einen BMW i8. Kostenpunkt des Flügeltürers: 132.000 Dollar. »Dieses war einer der letzten Autokäufe Maradonas«, berichtete das Lifestyle-Portal jamesedition.com im Dezember 2020.
Bei der Weltmeisterschaft 2018 in Russland sah man Maradona komplett außer Kontrolle. Als Tribünengast beim Alles-oder-Nichts-Gruppenspiel für Argentinien gegen Nigeria (2:1) in St. Petersburg musste er beim Torjubel und bei einem Ausraster gegen die Zuschauer von einigen Begleitern zurückgehalten werden. Die »absurd-traurige Show des Diego Maradona« kommentierte DIE WELT so: »Er zeigte den Stinkefinger, tanzte wirr, schlief ein und feierte sich sichtlich angeschlagen selbst.«
Einen nicht weniger fragwürdigeren Auftritt legte Maradona im Juli 2018 hin, als er mit einem Militär-Geländewagen die Fans von Dinamo Brest in Weißrussland begrüßte. Als Vorstandsvorsitzender versprach er den Verein, der zuvor noch nie eine Landesmeisterschaft gewonnen hatte, »jeden Tag besser machen« zu wollen. Besagter Geländewagen ist eine Erklärung wert: Es handelte sich um einen in Weißrussland gebauten BME-1015 »Husky«. Das schwimmfähige (!) Mega-SUV kommt zwar mit einer brachialen Optik daher, die Motorisierung zeigt sich dagegen mit wahlweisem 1,7-Liter-VAZ-Benziner (81 PS) oder 1,9-Liter-Turbodiesel italienischer Provenienz (95 PS) eher handzahm.
Nach nur zwei Monaten hatte sich das Gastspiel in Weißrussland bereits erledigt. Maradona verließ Belarus, die letzte Diktatur Europas, wieder – und schloss sich wenig später dem mexikanischen Zweitligisten Dorados de Sinaloa an. Dass ausgerechnet der mehrfach des Kokainkonsums überführte Fußballstar in Culiacan, einer Hochburg des Sinaloa-Drogenkartells, als Trainer einstieg, mutete grotesk an. »Maradona in Mexiko« – seine Erlebnisse auf seiner vorletzten Trainerstation wurden vom Streamingdienst Netflix 2019 in einer sehenswerten Film-Dokumentationen festgehalten.
Auch wenn »El Diego« damals schon vom körperlichen Raubbau gezeichnet war und viel von seiner Strahlkraft verloren hatte. Das galt nicht für seine Auto-Wahl: In Mexiko fuhr Maradona einen Chevrolet Camaro – und sein letztes Auto war ein BMW M4, samt illegalem Polizei-Frontblitzer und Sirene. Typisch Maradona. Der Wagen wurde 2021 gemeinsam mit einem BMW 750i aus Maradonas Fuhrpark zum Verkauf angeboten, der Startpreis lag bei umgerechnet 146.000 Euro. Die Aktion endete ohne Gebot.

PELÉ

»O REI« ON THE ROAD, (NICHT NUR) IM MERCEDES-BENZ

Pelé – Edson Arantes do Nascimento (1940 – 2022). Sich dem brasilianischen Fußballkönig zu nähern, ist eine Herausforderung per se. Sein fußballerisches Lebenswerk ist für die Ewigkeit. Als einziger Spieler wurde er drei Mal Weltmeister (1958, 1962, 1970) mit der »Seleção«. Mehr als 1.000 Tore erzielte er für die Nationalmannschaft und für seinen Herzensverein FC Santos. <und er erlebte ein Fußball-Abenteuer in Amerika bei New York Cosmos. Doch »O Rei«, der König, wie er in Brasilien respektvoll genannt wird, hatte noch eine andere Leidenschaft: Deutsche Autos.

Es kommt nicht oft vor, dass in ganz Brasilien die Kirchenglocken läuten. Aber am 19 November 1969 war das so. An diesem geschichtsträchtigen Tag hielt das siebtgrößte Land der Erde den Atem an. »O Rei«, der König, wie er respektvoll genannt wurde, erzielte in Diensten des FC Santos gegen den CR Vasco da Gama das 1.000. Tor seiner einmaligen Karriere.

Sein Künstlername Pelé leitete sich ab von Vasco da Gamas Torhüter-Idol Bilé (Hebräisch für »Wunder«). Der kleine Edson sprach den Namen nur falsch aus und wurde so zu Pelé, zu einer der größ-

ten Fußballmarken aller Zeiten, zum Synonym für Fußball schlechthin. Wie sonst konnte der am 3. März 1953 geborene Arthur Antunes Coimbra, genannt »Zico« (vgl. Kapitel »Nichts ist unmöglich – Coimbra«), zum »weißen Pelé« geadelt werden?
Pelé wurde 1958 im Alter von nur 17 Jahren der jüngste Weltmeister aller Zeiten. Zwei Tore steuerte er am 29. Juni 1958 im Rasunda-Stadion von Stockholm zum 5:2-Finalsieg über Gastgeber Schweden bei. Sein Ballgefühl, sein Tor-Instinkt, seine Körperbeherrschung - in Brasilien nennen sie die Spielweise, das Lebensgefühl Fußball auch Ginga, in Anlehnung an die Kampfkunst Capoeira - waren einzigartig.
Kein anderer Spieler, auch kein zweiter Brasilianer, hatte den Ginga so perfekt verkörpert wie Pelé. Mit tänzerischer Körperbewegung agierte er auf dem Platz.
Der Titel-Ginga des Edson Arantes do Nascimento sah folgendermaßen aus: Weltpokalsieger 1962 und 1963 mit dem FC Santos, dazu in den gleichen Jahren auch der Gewinn der Copa Libertadores, der südamerikanischen Champions League. Sechs Mal wurde Pelé mit Santos zwischen 1961 und 1968 brasilianischer Fußballmeister, elf Mal sicherte er sich den Titel des Torschützenkönigs der Regional- und zwei Mal, 1961 und 1963, der brasilianischen Meisterschaft.
Drei Mal war er Weltmeister und mit 77 Treffern in 92 Länderspielen bis September 2023 und bis zur Ablösung durch Neymar (siehe auch Kapitel »Mario Balotelli – Die Balla-Balla-Autoflotte) Rekord-Torschütze der brasilianischen Nationalmannschaft.
Pelé ist jüngster Torschütze in einem Endspiel einer WM-Endrunde und jüngster Final-Schütze. Seinen Einfluss auf das Spiel und auf den Titelgewinn der Brasilianer 1958 in Schweden schilderte die britische Zeitung The Times als »Fußballkunst, die das Verständnis vieler überschreitet.« 1.283 Tore soll er in 1.363 Pflichtspielen in seiner gesamten Karriere erzielt haben, davon 1.091 für den FC Santos.
Die Würdigungen nach Pelés Tod am 29. Dezember 2022 waren so

Der VW Käfer war eines der ersten Autos von Pelé.

Bälle symbolisieren die magische Zahl von 1.000 Toren von Pelé im Jahr 1969.

Pelé im Trikot des FC Santos, für den er in 583 Liga-Spielen gigantische 567 Tore schoss. Ein Star zum Anfassen: Pelé war immer auf Tuchfühlung mit den Fans.

groß wie seine Karriere selbst. Eine Auswahl: »Wo Pelé ankam, blieb er«, schrieb Ronaldo Luis Nazario de Lima, der Brasilien 2002 im Finale gegen Deutschland (2:0) in Yokohama zum fünften WM-

»ALS ICH PELÉ SPIELEN SAH, WOLLTE ICH MEINE FUSSBALLSCHUHE NUR NOCH AN DEN NAGEL HÄNGEN.«
JUST FONTAINE, WM-TORSCHÜTZENKÖNIG VON 1958.

Titel führte, am 29. Dezember 2022, »ohne jemals die Spitze verlassen zu haben, verlässt du uns heute. Der König des Fußballs – nur einer. Der Größte aller Zeiten.«

»Ich bin Gott dankbar, dass Pelé Brasilianer ist«, so der Nachruf von Rivaldo, ebenfalls Weltmeister von 2002, »was er auf dem Spielfeld geleistet hat, das wird nie vergessen werden. Ich bin stolz darauf, mit der von ihm geweihten Nummer 10 bei zwei Weltmeisterschaften gespielt zu haben.« Romario, Weltmeister von 1994, sagte: »Er brachte den brasilianischen Fußball zum Altar der Götter.«

Was Pelé Zeit seines Lebens auszeichnete, war seine Herzenswärme. »Selbst gegenüber wildfremden Menschen strahlte er eine Herzlichkeit aus«, sagte der 2024 verstorbene deutsche »Fußball-Kaiser« Franz Beckenbauer am 1. Januar 2023 in einem Interview mit BILD am SONNTAG, »wir saßen im Mannschaftsbus von Cosmos, wollten losfahren, da stieg Pelé aus, weil draußen noch ein Junge um ein Autogramm bat. So war er.«

Der Mercedes Benz 220 W111
– und Pelé lässig auf der Stoßstange.

Pelé am Steuer seines Mercedes-Benz - Auch für ihn war der Wagen ein Statussymbol.

Denn: Die Auto-Realität im Brasilien der frühen 1960er-Jahre sah anders aus...

Franz Beckenbauer spielte ab 1977 bei Cosmos New York an der Seite von Pelé und des 2012 verstorbenen italienischen Stürmers Giorgio Chinaglia.

MUSSTE PELÉ SEINE AUTOS VERKAUFEN?

Pelé hatte sich eigentlich bereits 1974 vom Fußball verabschiedet. Doch anhaltende finanzielle Probleme, unter anderem hatte er durch riskante Immobiliengeschäfte einen großen Teil seines Vermögens verloren, zwangen ihn, noch einmal einzusteigen. Ob er dabei auch eines oder mehrere seiner Autos verkaufte, ist umstritten.

Die Macher von Cosmos New York um den legendären Time Warner-Manager Steven Ross witterten nach der Weltmeisterschaft

Pelés Mercedes-Benz mit Blechschaden.

Auf einem DKW-Vemag F93 mit 39 PS lernte Pelé im Alter von 18 Jahren das Fahren.

Der FC Santos finanzierte sich in den 1950er und 1960er-Jahren über internationale Freundschaftsspiele.

Fans und Autobauer hofierten den Superstar Pelé.

1970 in Mexiko auch in den USA das große Geschäft mit dem »Soccer«, wie Fußball dort genannt wird. Mit Pelé gelang es ihnen 1975, den namhaftesten aller Spieler für ihr Fußball-Franchise Cosmos New York zu gewinnen. Sein brasilianischer Weltmeisterkollege Carlos Alberto und Franz Beckenbauer folgten 1977.

Das erste Match von Pelé in der North American Soccer League (NASL) gegen die Dallas Tornados am 15. Juni 1977 wurde live im US-Fernsehen übertragen. Ein erster Coup für Ross, einem Initiator für die WM-Bewerbung der USA 1994, und seine Mitstreiter. Cosmos bot Pelé einen Vertrag mit einem galaktischen Salär von sechs Millionen US-Dollar an.

Damit konnte er die zwei Millionen Dollar Verbindlichkeiten ausgleichen. Der Gewinn der nordamerikanischen Meisterschaft 1977 war Pelés 27. und letzter Titel als Vereinsfußballer. Am 1. Oktober

Für die Autogrammjäger nahm »O Rei«
sich immer Zeit.

1977 verabschiedete er sich im mit 75.646 Zuschauern vollgepackten Giants Stadium in East Rutherford im US-Bundesstaat New Jersey endgültig vom aktiven Fußball. Sein Abschiedsspiel, Cosmos New York gegen den FC Santos, wurde von einem gigantischen Show-Act begleitet, bei dem auch Box-Legende Muhammad Ali und Bobby Moore aufliefen.

»PELÉ WAR EINE DER WENIGEN AUSNAHMEN ZU MEINER REGEL:
ER WIRD NICHT 15 MINUTEN RUHM HABEN,
SONDERN 15 JAHRHUNDERTE.«
ANDY WARHOL

Pelé und die Auto-Biografie des Königs. Eines seiner ersten Autos war ein Volkswagen Käfer, der in Brasilien bis 1986 im Werk in Sao Bernardo do Campo im Bundesstaat Sao Paulo 3,3 Millionen Mal vom Band lief.

Dieses Auto fuhr Pelé nachweislich bis 1964. Auch einen DKW-Vemag F93 (39 PS) hatte er im Alter von 18 Jahren, lernte darauf praktisch das Fahren. Der in São Paulo ansässige Hersteller Vemag im Rahmen eines Lizenzvertrags mit der Auto Union die Rechte zum Bau des einst als 3=6 vermarkteten F93 erworben. 1967 wurde Vemag schließlich in den Volkswagen-Konzern integriert. Volkswagen und Audi waren somit die ersten Autopartner von Pelé, der die Heimat des Käfers 1961 kennenlernen sollte.

Uwe Seeler (r.) und Pelé bei der Eröffnungsfeier der WM 1974 in Frankfurt am Main.

»O Rei« und seine Krone – Drei Mal wurde Pelé Weltmeister, bis heute unerreicht.

Mailand, 23. Mai 2001: Aus der Hand von Pelé empfängt Bayern Münchens »Torwart-Titan« Oliver Kahn die Auszeichnung zum »Man of the Match« nach dem Champions-League-Finale gegen den FC Valencia.

PELÉ – FÜR 5 MARK

Der FC Santos und sein Superstar besuchten damals das Volkswagen-Werk in Wolfsburg.

»Brasilien war der erste Stützpunkt in Übersee. 1953 wird mit Volkswagen do Brasil Ltda. in Sao Paulo die erste Produktionsgesellschaft im Ausland gegründet«, schrieb die Braunschweiger Zeitung am 30. Dezember 2022 zum Tod von Pelé, »1959 wird dann in Sao Bernardo do Campo eine selbstständige Produktionsstätte eröffnet. Und die Hafenstadt Santos war die wichtigste Logistikdrehscheibe für die Wolfsburger.«

Die Sensation: Pelé und die Stars des FC Santos, die sich fast jährlich auf Welt-Tournee begaben, um dem Klub Geld in die Kassen zu spielen, machten im altehrwürdigen Stadion am Elsterweg ein Freundschaftsspiel gegen den VfL Wolfsburg. Für fünf Mark Eintritt konnten 10.000 Fans Pelé, Pepe und den 2019 verstorbenen Mittelstürmer Coutinho, der schon mit 16 sein Debüt für Santos gegeben hatte, live erleben.

Der VfL Wolfsburg war damals noch keine Profimannschaft. Gegner FC Santos, von der argentinischen Zeitung El Grafico 1959 als »beste Mannschaft der Welt« bezeichnet, machte in den 1950er- und 1960er-Jahren bis zu 50 lukrative Freundschaftsspiele im Ausland, unter anderem im Oktober 1962 gegen den Hamburger SV mit »Uns Uwe« Seeler im Volksparkstadion (3:3) oder im Juni 1963 gegen den VfB Stuttgart im Neckarstadion (3:1).

Das Team aus Niedersachsen, das die Fußball-Globetrotter vom

»ER IST FUSSBALL. IHR HABT DEN EINZIG WAHREN SPECIAL ONE – MISTER PELÉ.«
JOSÉ MOURINHO, 2005.

FC Santos forderte, setzte sich aus Maschinenbauern, Schlossern und Installateuren aus dem Werk Wolfsburg zusammen und verlor mit 3:6. »Eine Elf von Amateuren hat es vermocht, sich im Lauf eines Spiels so zu steigern, dass sie selbst diesem Gegner Respekt abnötigte«, schrieb die Neue Woche.

Zur Weltmeisterschaft 2014 in Brasilien und zu den Olympischen Sommerspielen 2016 in Rio de Janeiro wurde Pelé Marken-Botschafter von Volkswagen. Die Wolfsburger waren seit 2009 Auto-Sponsor des Rekord-Weltmeisters. Um 60 Jahre Volkswagen gebührend zu feiern, engagierte man 2014 neben Pelé fünf weitere Fußballstars aus Brasilien: Cafú, Lucas, Neymar, Raí und Roberto Rivelino »Das Unternehmen hat in den vergangenen sechs Jahrzehnten so viele Innovationen geliefert und Millionen von Familien in Brasilien Unterstützung geliefert«, sagte Pelé damals anlässlich dieses Engagements.

Pelé, der 2015 vom Forbes Magazine unter die Top 10 der reichsten, nicht mehr aktiven Sportler gerechnet wurde, bekam durch seine vielfältigen Aufgaben als Botschafter oder Marken-Repräsentant viele Autos als Geschenk. »Vor allem Mercedes-Benz überschüttete Pelé mit Auto-Präsenten«, schrieb Philip Uwaoma im Januar 2023 bei hotcars.com über die Beziehungen des Brasilianers zu dem deutschen Auto-Konzern.

Zu den zahlreichen Geschenken, die Peles während seiner Karriere erhielt, zählten auch ein Mercedes 280 SE…

… sowie ein Aero-Willys 2600 aus brasilianischer Produktion (Baujahr 1963).

Beim FC Santos erhielt Pelé schon als 15-Jähriger einen Amateurvertrag.

AUTO-GESCHENKE FÜR »O REI«

Unter diesen Geschenken war ein Mercedes 250 (W114), Wert: 12.000 US-Dollar. Die Karosserieform mit ihrer klaren Linienführung ohne modisches Beiwerk stammte wie bei den Oberklasse-Modellen W 108/109 von dem französischen Automobildesigner Paul Bracq.

»Pelé war es gewohnt, die besten Autos seiner Zeit geschenkt zu bekommen«, resümierte das Portal autojosh.com im Juni 2022. Es waren mindestens zwei Mercedes-Limousinen – aber »O Rei« wurde nicht nur mit deutschen Fabrikaten beehrt.

PERLEN IN PELÉS AUTOSAMMLUNG

So gehörte auch ein US-amerikanischer Willys Aero 2600 zu diesen Auto-Geschenken. Die Mittelklasse-Limousine, zunächst in Toledo (Ohio) produziert, kam 1960 nach Brasilien. Die Markteinführung des Aero Willys 2600 erfolgte im März 1960, als viertürige Limousine mit dem bereits beim Vorgängermodell verwendeten 2,6-Liter-Sechszylinder-Motor mit 90 PS (66 kW) Leistung.

Prunkstück in Pelés Auto-Biografie war jedoch der Mercedes 280 SE (W108), der in den 1960er-Jahren als Standard für Auto-Luxus und fortschrittliche Technologie galt.

Mit diesem Wagen posierte Pelé gern, ohne dabei allerdings angeberisch zu wirken. Vielmehr tat er es mit augenzwinkerndem Humor.

Eines der Fotos, die ihn mit dem deutschen Luxusauto zeigte, kommentierte er später bei Instagram so: »Es ist eine Schande, dass ich es in meinen aktiven Zeiten nicht in einen Spionagefilm geschafft habe. Sagt mir, wäre dieser junge Mann nicht ein großartiger James Bond geworden?« Nein, der neue Bond wurde Pelé nicht. Aber er setzte seiner unvergleichlichen Fußballkunst ein filmisches Denkmal.

Im Jahr 1981 spielte er an der Seite von Hollywood-Star Sylvester Stallone im Kriegs-Abenteuerfilm Flucht oder Sieg (OT: Escape to Victory) von Regisseur John Huston. In der Rolle des Portugiesen Luis Fernandez führte er in dem Sportfilm eine Mannschaft alliierter Kriegsgefangener – unter anderem gespielt von Stallone, Osvaldo Ardiles, Sir Michael Caine, Kazimierz Deyna, Bobby Moore), Jacobus »Co« Prins und John Wark vom UEFA-Cup-Sieger Ipswich Town – in einem Propagandaspiel in Paris gegen eine Wehrmachts-Elf.

Pelé choreografierte dabei die wirklich sehenswerten Fußballszenen. »Im Training mit diesen schweren, alten Fußbällen«, erzählte Sylvester Stallone dem Autor 2012 auf einer Pressekonferenz in Hamburg, »hat mir Pelé den Finger gebrochen.«

S.F.C.

DER AUTO-GIGANTISMUS DES CRISTIANO RONALDO

Lionel Messi oder Cristiano Ronaldo? Gemessen am fußballerischen Erfolg gilt der argentinische Weltmeister von 2022 als GOAT – als der »Greatest Of All Time«. Und bei den Autos? Da kann es nur einen geben – und das ist der Europameister von 2016 aus Portugal, Ronaldo. Dynamisch, extravagant, unvergleichlich, das gilt für Cristiano Ronaldos Spielweise und für seine unglaubliche Auto-Kollektion.

Dass er auch im hohen Fußballeralter von 39 Jahren eine Ausnahmestellung genießt, zeigte Cristiano Ronaldo wenige Tage vor Beginn der Europameisterschaft 2024 in Deutschland. Der Kapitän der portugiesischen Nationalmannschaft stieß erst 7. Juni 2024 und damit nur eine Woche vor dem Turnierstart zum Team des spanischen Trainers Roberto Martinez.

Doch Ronaldo wäre nicht Ronaldo, wäre er nicht auf den Punkt topfit gewesen. Zwar seit 2022 in der Saudi Pro League bei Al-Nassr in Saudi-Arabien unter Vertrag, ließ der Mann mit dem progammatischen Kürzel CR7 vor dem Start der EURO 2024 keine Zweifel an seiner Form und seiner immensen Wertigkeit für das Team aufkommen: »Ich bin bereit, ich bin ein 100-Prozent-Profi, dies ist mein Leben«, sagte Ronaldo bei seiner Ankunft im Teamquartier der Portugiesen in Harsewinkel, »ich gebe immer 100 Prozent und bin immer bereit, meinem Land zu helfen.«

Mit dem Anstoß der Partie gegen Tschechien (2:1) am 18. Juni 2024 in Gruppe F stand fest: Durch seinen Startelfeinsatz wurde CR7 zum ersten Spieler, der bei sechs EM-Endrunden auflief. Sein Debüt gab er 2004 bei der Heim-EM gegen Griechenland (1:2) in Porto.

Beim 0:2 gegen den Neuling Georgien am 26. Juni

CRISTIANO RONALDO

2024 in Gelsenkirchen blieb er zum ersten Mal in einem Vorrundenspiel bei einer WM- oder EM-Endrunde ohne Torerfolg. Ärgerlich.

RONALDO: DER HÜTER DER TOR-REKORDE

28-mal spielte Ronaldo bis dahin bei einer Europameisterschaft und lieferte dabei 23 Tor-Beteiligungen (14 Treffer). Das ist, wenn man auf Tor-Rankings blickt, bei der Europameisterschaft selbstverständlich ein Rekord.

»ICH HABE IN ITALIEN EIN MANNSCHAFTSFOTO GESEHEN UND DA IST ER SCHON NICHT MEHR DRAUF.«
ÖSTERREICHS FUSSBALL-IDOL HERBERT PROHASKA »BESTÄTIGT« WECHSEL-GERÜCHTE VON RONALDO, WEG VON JUVENTUS TURIN.

Kein anderer Spieler seiner Zeit hält mehr Tor-Rekorde als Cristiano Ronaldo Dos Santos Aveiro, der bester EM-Torjäger, Rekord-Torschütze von Real Madrid (450 Treffer), bester Schütze der 1992 gegründeten UEFA Champions League (140) und selbstredend Top-Torjäger der portugiesischen Nationalmannschaft (130) ist. Seit 2017 ist in seiner Heimatstadt Funchal auf der portugiesischen Insel Madeira sogar der Flughafen nach Cristiano Ronaldo benannt.
Ronaldo, der Gigant. Bereits 2006 ließ er sich das Kürzel CR7 schützen. Dieses setzt sich aus seinen Initialen und aus seiner Trikot-Nummer 7 zusammen, es steht für eine Marke, die unbestreitbar eine der größten aller Zeiten im Weltfußball ist.
Die Zeitschrift SPORT BILD (Ausgabe 25 / 2024) blickte vor dem ersten Europameisterschafts-Spiel gegen Tschechien auf die »Milliarden-Maschine Ronaldo«.

»MEIN HAUS, MEIN AUTO, MEIN FUSSBALL«

Wie das Forbes Magazine ermittelte, kassierte Ronaldo für sein Engagement in der sportlich nahezu bedeutungslosen Saudi Pro League bei Al-Nassr in Saudi-Arabien ein kolportiertes Jahresgehalt sowie Sponsoreneinnahmen in Höhe von 242 Millionen Euro. Seine Meldungen bei Instagram erreichen so viele Menschen, dass sie pro Post mehr als drei Millionen Euro einbringen – Rekord.
Für rund 30 Firmen war Cristiano Ronaldo im Jahr 2024 als Werbe-Partner tätig. Sein Bekanntheitsgrad weltweit wurde mit 80 Prozent beziffert. Bei Facebook folgten 170 Millionen, bei Instagram gar 631 Millionen Internet-Nutzer seinen Beiträgen. Dazu kommt X (vormals Twitter) mit 111 Millionen Followern.
Ronaldo-Follower zu sein, hat den Vorteil, dass man auch immer über die neuesten Autokäufe informiert ist. »Mein Haus, mein Auto, mein Fußball« – Cristiano Ronaldo und sein Berater-Team von Gestifute (Porto) beherrschen das Spiel mit den sozialen Medien in der Perfektion.
Die längste Werbe-Partnerschaft des Cristiano Ronaldo währte seit 2003 – mit dem US-Sportartikel-Giganten Nike. Der Portugiese schloss im Laufe seiner Karriere auch einen lukrativen Vertrag mit dem japanischen Auto-Hersteller Suzuki ab.

NUR IN DER WERBUNG: RONALDO IM KLEINWAGEN

2005 war Cristiano Ronaldo (noch) ein Jungstar und das Gesicht von Suzuki. Mit einem Fußball stieg er in einem Werbespot aus dem Kleinwagen Suzuki Swift und fragte die vor ihm stehende, staunende Kinderschar nur: »Wollt Ihr spielen?« Ja, spielen wir es mal –

Neu in Manchester: Cristiano Ronaldo (r.) im Sommer 2003 mit Trainerlegende Sir Alex Ferguson (m.) und dem von Athletico Paranense verpflichteten Brasilianer Kleberson.

Rechts: »Kick the Road« - Suzuki-Werbung mit Cristiano Ronaldo.

Ein solcher Audi S3 war das erste Auto von Cristiano Ronaldo. Fotos, die ihn mit dem Wagen zeigen, existieren nicht.

SWIFT
Kick
The Road!
CBU
from Japan
SWIFT
SUZUKI
Way of Life !

DBS I

Oben: Während seiner zweiten Vertragszeit bei den »Red Devils« legte sich Ronaldo einen schwarzen Aston Martin DBS Superleggera zu

Unten: Der Stürmerstar zählte zu den wenigen Prominenten, denen es vergönnt war ein Exemplar des auf zehn Stück limitierten Bugatti Centodieci zu erwerben.

Zu Ronaldos Bugatti-Flotte zähen außer dem ein Veyron und ein Chiron (Bild).

Cristiano Ronaldo, die lebende Fußball-Legende mit dem gigantischen Fuhrpark.

Der junge Mann, den Manchester Uniteds Trainerfuchs Alexander Chapman Ferguson, damals schon Sir, am 6. August 2003 nach dem Eröffnungsspiel des neuen Stadions José Alvalade in Lissabon bei Sporting Lissabon (3:1) entdeckte und noch im Kabinengang verpflichtete – angeblich nur, damit ihn der FC Arsenal mit Fergusons Trainer-Erzfeind Arsene Wenger nicht holen konnte – war schon als Jungprofi außergewöhnlich.

»ES GIBT DREI DINGE, DIE IN DER LUFT SO STEHEN: HUBSCHRAUBER, KOLIBRI UND RONALDO.«
TV-EXPERTE MEHMET SCHOLL ZU RONALDOS KOPFBALLTOR FÜR PORTUGAL IM EM-HALBFINALE 2016 GEGEN WALES.

Wie es aussah, wenn der junge Ronaldo, der bei Ankunft in Old Trafford ohne Scheu das Trikot mit der berühmten Rückennummer sieben übernahm – zuvor trugen es unter anderem Eric Cantona und David Beckham – im Auto unterwegs war, dokumentierte die spanische Sport-Zeitung Marca im August 2022.

»Sein erstes Auto war bescheiden«, so das Blatt, »er kaufte es mit 19 Jahren und es war ein schwarzer Audi S3.« Der bescheidene S3, die Sportversion des 1996 eingeführten A3, brachte schon bei seinem Debut 1999 satte 210 PS auf die Straße, 2001 stieg die Leistung auf 225 PS.

Ronaldos Sonderausstattung liest sich fast bescheiden: Zu den zahlreichen Extras aus dem Katalog, etwa Recaro Leder-Sitze, ließ sich der portugiesische Youngster noch einen CD-Wechsler für sechs Compact Disks einbauen. Ein Foto von CR7 am Steuer dieses Wagens gibt es nicht.

Das Jahresgehalt bei Manchester United, wo Ronaldo 2008 die Champions League holte und drei englische Meistertitel feiern durfte, lag damals bei 1,8 Millionen Euro. Insofern konnte er sich den 35.000 Euro teuren Audi schon in der Anfangsphase seiner mehr als 20 Jahre währenden Karriere leisten. Es blieb aber natürlich nicht beim Audi.

»Ronaldo hat sich schon als Teenager einen Mercedes gekauft, ohne zu wissen, wie man ihn fährt«, erzählte sein früherer Teamkollege Witali Kutusau von Sporting Lissabon, 2002/2003 auf Leihbasis vom AC Milan in Portugal, in einem Interview mit dem italienischen Journalisten Gianluca di Marzo, »aber als er dann mit dem Auto am Trainingsplatz vorfuhr, konnte man seine Zufriedenheit spüren.«

ASTON MARTIN ALS »ERGÄNZUNGSSPIELER«

2024 belief sich der Wert von Cristiano Ronaldos Auto-Kollektion dem Portal goal.com zufolge auf umgerechnet 18 Millionen Euro. Seine Auto-Show lieferte Ronaldo, der für spektakuläre Jubel-Ein-

20. Oktober 2011: Bei Real Madrid nimmt CR7 seinen neuen Audi R8-Dienstwagen in Empfang.

2013: Und noch ein Audi von Real Madrid für den Superstar.

lagen bekannt war und ist, auch gern im Training. Bei Manchester United fuhr er im Anschluss an einen Hattrick beim 3:2-Heimerfolg gegen die Tottenham Hotspur in der englischen Premier League im März 2022, während seiner zweiten Vertragszeit bei den »Red Devils«, im schwarzen Aston Martin DBS Superleggera vor.

»Dieser Wagen«, mutmaßte The Sun, die in Großbritannien auch so etwas wie das Auto-Journal der Stars ist, im September 2022, »ist natürlich nur eine wertvolle Ergänzung zu Ronaldos erstaunlicher Motor-Kollektion.«

Selbstverständlich. Den britischen Sportwagen hat CR7 für 180.000 Euro gekauft. Unter den mehr als 20 Luxus-Autos des Fußballstars kam der Aston Martin fast schon erschreckend schlicht daher. Lionel Messi, so hörte man immer wieder, soll bis zuletzt weitaus weniger Nobel-Karossen besessen haben.

Dieser Punkt in der GOAT-Wertung der beiden Dauerrivalen des Weltfußballs geht also in jedem Fall an Ronaldo.

Allein für seine drei Bugattis zahlte der sechsfache EM-Teilnehmer rund 12,4 Millionen Euro.

Das Bugatti-Trio in Ronaldos Garage setzte sich aus einem Chiron, Veyron und einem Centodieci zusammen.

Von der Klasse her hatte das Auto-Trio etwas vom legendären »BBC«-Sturm – Bale, Benzema, Cristiano – der zwischen 2013 und 2022 torgefährlichsten Offensiv-Reihe von Real Madrid.

Den Centodieci leiß sich Ronaldo neun Millionen Euro kosten. Für den Chiron zahlte er 1,9 Mio. Euro und den Veyron erwarb er für (geschätzte) 1,5 Mio. Euro.

Aber: Kein Auto dokumentiert den Gigantismus des Cristiano Ronaldo so wie die Investition in den Centodieci, der zum 110-jährigen Firmenjubiläum des französischen Autobauers aus Molsheim im Elsass angefertigt wurde.

> **»SEIN ERSTES AUTO WAR BESCHEIDEN.«**
> **MARCA, AUGUST 2022**

Der Supersportwagen war auf eine minimale Stückzahl von zehn Exemplaren limitiert, die bei der Vorstellung 2019 beim Pebble Beach Concours d' Elegance bereits verkauft waren. Viel mehr Luxus geht nicht. Der Centodieci hatte einen Heckflügel, dessen An-

Ronaldo am Steuer... das ist meistens ähnlich stylisch wie auf dem Rasen.

Aber: Am 8. Manuar 2009 wurde einer seiner Ferrari-Sportwagen bei einem Crash in Manchester schwer beschädigt. Der United-Star blieb zum Glück unverletzt, der verunfallte Ferrari 599 wurde später zum Verkauf angeboten.

stellwinkel aber verstellbar ist – und erreichte mit einem Achtliter-V16-Mittelmotor eine Leistung von 1.600 PS.
Wesentlich hochpreisiger waren die Bugatti Chiron und Veyron (siehe oben). »Das Need-for-Speed des Cristiano Ronaldo sah den launenhaften Stürmer 2017 mit sprudelnden Ausgaben für einen atemberaubenden, silberfarbenen Bugatti Chiron«, schrieb The Sun.
Der Chiron, benannt nach dem monegassischen Rennfahrer Louis Chiron löste bei den Elsässern 2016 den Veyron ab, dessen Name auf den französischen Le-Mans-Sieger Pierre Veyron, einem Helden der Berliner AVUS, zurückgeht.
Schon der Veyron war ein Auto voller Superlative: Allein das Sieben-Gang-Getriebe war 110 Kilogramm schwer, dazu kam eine Leitung von 1.200 PS. Aber auch an die Sicherheit hatte man im Bugatti-Werk gedacht: Um das schwere Fahrzeug sicher abbremsen zu können, wurden Carbon-Keramik-Bremsscheiben eingebaut, die den Wagen aus 100 km/h in 2,3 Sekunden auf einer Strecke von 31,4 Metern zum Stehen brachten.
Den Chiron präsentierte Bugatti im Februar 2016 auf dem Genfer Autosalon. Entwickelt von Bugatti-Chefingenieur Frank Götzke, war der Supersportwagen auf 500 Exemplare limitiert. Beim Veyron lag die Stückzahl gar bei nur 450 Autos.
Ronaldo gönnte sich dieses Fahr-Vergnügen 2017 als Belohnung für den 2016 in Paris gegen Frankreich (1:0 n. V.) gewonnenen Europameistertitel. Der Wagen wurde im Juni 2022 auf Mallorca in einen Unfall verwickelt und stark beschädigt. Am Steuer saß jedoch nicht Cristiano Ronaldo. PS? CR7!

**»SCHLECHT IST ER IMMER NOCH GUT!«
FERNANDO MEIRA, MEISTERKAPITÄN DES VFB STUTTGART, ÜBER CRISTIANO RONALDO.**

Seine sportlich erfolgreichste Zeit hatte Cristiano Ronaldo bei Real Madrid, das ihn am 6. Juli 2009 für 94 Millionen Euro von Manchester United verpflichtete und diese Ablösesumme schon allein durch das Trikot-Merchandising im ersten Spieljahr von CR7 in Bernabeu amortisierte. Laut der portugiesischen Zeitung A Bola verkaufte Real Madrid in der Premieren-Saison 2009/2010 Ronaldo-Trikots

Das Rolls-Royce Phantom Drophead Coupé: Ein solches Auto fuhr auch Cristiano Ronaldo.

12. August 2003: Manchester Uniteds Geschäftsführer Peter Kenyon (l.) bei der Vertragsunterschrift von Cristiano Ronaldo in Old Trafford. Der Portugiese spielte zwei Mal für die »Red Devils«.

im Wert von 100 Millionen Euro. Mit den »Königlichen« läutete Ronaldo eine neue Ära ein. Zwischen 2016 und dem Finale in Mailand gegen den Stadt- und Erzrivalen Atlético und 2018 – 3:1 gegen den FC Liverpool und Jürgen Klopp in Kiew – hieß der Champions-League-Sieger ausschließlich Real Madrid. Kein anderer Klub hatte zuvor den Titel der 1992 novellierten »Königsklasse« des europäischen Fußballs verteidigen können. Vier seiner fünf Champions-League-Titel feierte Ronaldo im Trikot von »Los Blancos«, im Finale 2017 in Cardiff gegen Juventus Turin (4:1) entschied er mit zwei Treffern die Partie.

In Madrid sah man Cristiano Ronaldo auch im Renn-Overall. Am 20. Oktober 2011 erhielten die Stars von Real Madrid im Carlos Sainz Center, einer Go-Kart-Bahn in der spanischen Hauptstadt, ihre neuen Audi-Dienstautos. Stilecht dazu gab es einen Schutzhelm mit Namen und Trikotnummer der Spieler. Als Teil dieses Sponsoren-Deals kam Ronaldo zu zwei Audi, einem Q7 und einem RS6, die laut Liste 50.000 Euro und 105.000 Euro kosteten.

Audi und Real Madrid – Die Ingolstädter waren von 2004 bis 2022 insgesamt 18 Jahre Auto-Partner der Madrilenen, ehe sie vom Münchner Traditions-Autobauer BMW abgelöst wurden.

»NEED FOR SPEED«

Ein BMW M6 (Wert: 100.000 Euro) war bislang das einzige Modell aus München in Cristiano Ronaldos gigantischer Autosammlung.

»Ich mag es, von einer Automarke mehrere Modelle zu besitzen«, erzählte Cristiano Ronaldo dem britischen Journalisten und CNN-Moderator Piers Morgan einmal. Damit wäre die Auto-Taktik von CR7, »decoded«, wie man im neuen DAZN-Fußball-Jargon sagen würde.

So ist es nur konsequent, dass neben den drei Bugatti auch zwei Rolls-Royce, zwei Bentley und drei Ferrari in Ronaldos heilige Auto-Hallen einfuhren.

Der Rolls-Royce Phantom und der Rolls-Royce Cullinan erreichten zusammen einen Wert von 1,15 Millionen Euro, wobei der Cullinan seit 2018 der erste SUV war, den die Briten bauten. Cullinan ist der Name eines seltenen Diamanten. Diamonds are CR7's best friends...

Das Rolls-Royce Phantom Drophead Coupé gehörte dann wieder zu den Autos, die in rarer Stückzahl produziert wurden. Nur 200 wurden pro Jahr seit 2007 gebaut. Der Wagen stand auch Rowan Atkinson in der James-Bond-Parodie Johnny English – Jetzt erst recht (2011) zur Verfügung.

Nach der Weltmeisterschaft 2018 in Russland gehörte Ronaldo – wie auch Iker Casillas, Sergio Ramos oder Arjen Robben – zu den Stars, die Real Madrid durch die kalte Küche verjagte. Kein großer Abschied, ein feuchter Händedruck, kurzes Filmchen auf der Website für den Rekord-Torjäger des größten Klubs der Welt, mehr nicht. »Können gehen. Können jetzt gehen!«

Ronaldo schloss sich für 117 Millionen Euro Ablöse dem italienischen Rekordmeister Juventus Turin an. Sein Jahres-Salär beim Agnelli-Klub lag bei kolportierten 31 Millionen Euro netto.

FERRARI-BATTLE MIT MESSI?

Inzwischen 33 Jahre alt, gelangen ihm in 134 Pflichtspiel-Auftritten für »Juve« zwar 101 Tore, doch an die internationalen Erfolge, die er mit Real Madrid hatte, konnte er nicht mehr anknüpfen. Mehr als das Champions-League-Viertelfinale (2019) war nicht drin.

»ER WIRD AUF JEDEN FALL NICHT DER BESTE ARGENTINIER DER CHAMPIONS LEAGUE.«
JAN AGE FJÖRTOFT BEI SERVUS TV AUF DIE FRAGE, WELCHE CHAMPIONS-LEAGUE-REKORDE RONALDO NICHT ERREICHEN WIRD.

Nein, die ganz große Zeit von Cristiano war die bei Real Madrid. Hier trieben er und der Argentinier Lionel Messi vom FC Barcelona die »El Clasico«-Rivalität der beiden spanischen Weltklubs auf die Spitze. Messides gegen RollsRoyceRonaldo.

Auch, wenn es um Autos ging, waren Ronaldo und Messi in dieser Zeit offenbar erbitterte Rivalen. Oder? Im Februar 2016 sollen sie sich Medienberichten zufolge ein Wettbieten um einen Ferrari 335 S Spider Scaglietti geliefert haben.

Wer den oft demütig wirkenden Lionel Messi kennt, war über seine Reaktion wenig überrascht. »Das neue Auto, von dem sie sagen, ich hätte es gekauft«, schrieb der Weltmeister von 2022 wenig später in seinen Social-Media-Portalen – und zeigte dabei ein rotes Spielzeugauto aus dem Animationsfilm »Cars«.

Im Auktionshaus Artcurial in Paris war wenige Tage zuvor ein Fer-

Limitierte Super-Sportwagen sind eine Spezialität von Cristiano Ronaldo. So durfte auch der auf 500 Stück begrenzte McLaren Senna nicht fehlen.

Ebenso wie Spielerkollege Mario Balotelli gehört auch Cristiano Ronaldo zu den Besitzern eines Ferrari F12.

Einsteigen und gut festhalten: Auto fahren mit Ronaldo ist so spektakulär wie sein Spiel.

rari 335 S Spider Scaglietti aus dem Jahr 1957 versteigert worden. Der Wagen brachte einen Erlös von 32 Millionen Euro ein und soll angeblich vom fünfmaligen Weltfußballer Messi ersteigert worden sein. Zahlreiche Medien wollten gar von einer Bieter-Schlacht der Fußballstars Ronaldo und Messi um das Auto gewusst haben.
Da man aber auch bei Artcurial Diskretion als oberstes Gebot hat, wurde der wirkliche Käufer nicht bekannt gegeben. Aber ohne Ronaldo und Messi wäre die Story eben nur halb so gut gewesen…

RONALDOS VON HAND GEFERTIGTER MCLAREN

Nur ein Mal im Ronaldo Auto-Park: Der McLaren Senna. Dieser nach dem am 1. Mai 1994 in Bologna beim Formel-1-Grand-Prix von San Marino tödlich verunglückten Dreifach-F1-Weltmeister Aytron Senna benannte Sportwagen wurde in einer Stückzahl von 500 Autos geliefert. Der Wagen wurde in Woking (Großbritannien) von Hand gefertigt, die limitierte Produktion war bereits zur offiziellen Vorstellung komplett ausverkauft.
In Deutschland kostete der Senna 922.250 Euro. Das letzte verbliebene Exemplar des rennstreckengfokussierten McLaren Senna wurde schon im Dezember 2017, bei einer Privatveranstaltung für

McLaren-Kunden, versteigert. Es brachte mehr als 2,2 Mio. Euro für das Ayrton Senna Institute, eine gemeinnützige Organisation, die sich der Bildung von fast zwei Millionen benachteiligten Kindern und Jugendlichen widmet. Zahlreiche Gebote waren während einer lebhaften Auktion bei einer privaten Veranstaltung für McLaren-Kunden abgegeben worden.
Italienische Sportwagen fuhr Ronaldo aber schon vor seiner Ankunft im Privatjet in Turin. Der Portugiese besaß gemäß dem eigenen Selbstverständnis einer guten Auto-Kaderauswahl mehrere Ferrari-Modelle, deren Wert bei rund einer Million Euro lag: Einen Ferrari 599 GTO (350.000 Euro), einen Ferrari 599 GTB Fiorano (280.000 Euro) und einen Ferrari F430 (270.000 Euro).
Über allen stand jedoch sein Ferrari F12 TDF. Den raren Wagen, der nur 799-mal produziert wurde, kaufte er sich im Jahr 2017. »Der Ferrari F12 ist einer von Ronaldos Favoriten«, wusste The Sun, »aber er ist nicht für seine Hunde geeignet.«
Stimmt. Ronaldos Vierbeiner sind im 100.000 Euro teuren Range Rover Sport SUV, mit dem er in Continassa auf dem Trainingsgelände von Juventus Turin öfters vor fuhr, vermutlich besser aufgehoben.

7. September 2011: Premiere der Dokumentation »Cristiano Ronaldo Al Limite« in Madrid.

Im Februar 2016 sollen sich Cristiano Ronaldo und Lionel Messi ein Wettbieten um einen Ferrari 335 S Spider Scaglietti geliefert haben.

UWE SEELER

NUR DER HSV, FAST IMMER MERCEDES

Er gilt, er ist der »größte HSV Spieler aller Zeiten:« Der im Juli 2022 verstorbene Ur-Hamburger »Uns Uwe« Seeler. Seine riesige Popularität bei den Fans war und ist einzigartig, seine Autos waren so solide wie er selbst.

Bodenständigkeit – Das war eine Tugend, die Hamburgs absolutes Fußball-Idol Uwe Seeler immer auszeichnete. 2003 schrieb Uwe Seeler in seiner Biografie Danke, Fußball – Mein Leben (Verlag: Rowohlt / Mit Roman Köster):

»Hanseatische Kaufleute brauchen keine 100 Regeln für ein ehrbares Geschäftsleben. Es reichen vier: Ehrlichkeit, Verlässlichkeit, Verantwortung und Treue. Mit diesen Prinzipien bin ich meinen beruflichen Weg gegangen. Dieser Weg begann Anfang 1961. Da war zuerst das Telefonat mit Sepp Herberger vor dem entscheidenden Gespräch im Hamburger Atlantic-Hotel mit Helenio Herrera. Der wollte mich ja mit einer Million DM zu Inter Mailand locken. Herberger hatte mir kurz und bündig: Bleibe' Se hier, hier habe Se eine sichere Existenz.«

Herrera kam in der Tat mit Cash im Koffer in Hamburg. Umstimmen konnte diese Summe Uwe Seeler letztlich nicht. Dass er blieb, haben die Fans »Uns' Uwe« immer hoch angerechnet.

Seine berufliche Existenz, das war zunächst die Generalvertretung für den Sportartikel-Giganten Adidas in Norddeutschland. Er schrieb dazu:

»1961: Ich bin 25 Lenze jung, fahre einen 190er Mercedes Diesel – selbst gekauft, nicht gesponsert. (...) Ich bin

Uwe Seeler unterschreibt rund um ein Länderspiel auf einem BMW.

Was für ein HSV-Moment: Deutscher Meister 1960 – Dieter (l.) und Uwe Seeler mit Klaus Stürmer (r.) im VW-Cabrio bei der Triumphfahrt durch das Stadion am Rothenbaum.

Handelsvertreter im klassischen Sinn.« Der legendäre Benz mit Pontonkarosserie gehörte zur Standardausstattung für Handelsvertreter der späten Adenauer-Jahre.

EIN REKORD FÜR SECHS DEKADEN

Der bescheidene Seeler – sich aushalten zu lassen, lag dem HSV-Idol fern. Wer ihn kannte, schätzte seine Herzlichkeit, seinen unschlagbaren Humor und seine Verlässlichkeit. Der Autor lernte Uwe Seeler 2003 bei den Vorarbeiten zu einem Fußballbuch-Projekt des FK Pirmasens kennen. Der Vize-Weltmeister von 1966 schrieb für das Buch unentgeltlich ein Vorwort.

Seeler lebte den HSV. Er war 1964 erster Torschützenkönig der neu gegründeten Bundesliga. Seine 30 Tore, die er im Premieren-Jahr der deutschen Eliteliga erzielte, wurden erst 2024 von einem Spieler, der neu in die Liga kam, übertroffen und das war Harry Kane vom FC Bayern München.

Sieben Mal (zuletzt 1962) war Seeler Torschützenkönig der Oberliga Nord und 1967/68 war er erfolgreichster Torjäger im Europapokal der Pokalsieger, wo er mit dem HSV im Finale gegen den AC Mailand die Krönung verpasste.

Seinen größten Triumph mit dem HSV feierte Uwe Seeler 1960: Deutscher Meister – und der Korso folgte mit einem klassischen »Wirtschaftswunder«-Auto.

Im VW Käfer-Cabrio ging es für die Hamburger Meistermannschaft um Uwe Seeler, Klaus Stürmer, Gert »Charly« Dörfel und Jürgen Werner durch das HSV-Stadion am Rothenbaum, wo 30.000 Fans dem HSV applaudierten, der sich im Finale in Frankfurt mit 3:2 gegen den 1. FC Köln durchgesetzt hatte – auch dank des zweifachen Torschützen Uwe Seeler.

Mit Seeler als Galionsfigur ging der HSV 1963 in die neu gegründete Bundesliga, mit einem 220 SE (W111) von Mercedes-Benz reiste Seeler zur selben Zeit trotz der gerade angebrochenen Ära im deutschen Profifußball weiter als Adidas-Vertreter durch den Norden.

Der weiße Wagen mit Bad Oldesloer Kennzeichen wurde u. a. in der TV-Dokumentation Der Start der Bundesliga 1963 (2020) gezeigt und man sah »Uns Uwe«, wie er in seiner typischen, kumpeli-

Präzionsuhren
HH-SI 36

Familienidylle in Harksheide: Uwe und Ilka Seeler mit ihren drei Töchtern Helle, Frauke und Kerstin – und dem Familien-Benz des Typs W111.

gen Art Fußballschuhe im Kofferraum verstaute – und dann zum nächsten Kunden fuhr.

Die Coupés und Cabrios vom Typ W 111 blieben bis 1971 im Programm. Ein Jahr später verabschiedete sich Uwe Seeler vom aktiven Fußball.

Am 1. Mai 1972 gab er im Hamburger Volksparkstadion sein Abschiedsspiel, unter anderem mit Weltstars wie dem Portugiesen Eusebio und Englands Weltmeister Sir Bobby Charlton. Die Fans trugen ihn auf Händen aus der Arena, deren Umbau er 1998 in seiner wenig glücklichen Zeit als HSV-Präsident mit einleiten sollte…

»HIER TREFFEN ZWEI STARS AUFEINANDER«

1972 wurde Seeler auch vom Deutschen Fußball-Bund (DFB) zum Ehrenspieler der Nationalmannschaft ernannt, für die er zwischen 1954 und 1970 insgesamt 72-mal (43 Tore) auflief.

Seeler fuhr bis ins hohe Alter selbst Auto. Die Mercedes-Benz-Niederlassung Hamburg im Center City-Süd (Heidenkampsweg) freu-

Die Vize-Weltmeisterschaft von 1966 war Uwe Seelers größter Erfolg in der deutschen Nationalmannschaft. Nach der Rückkehr aus England ging es in einem Autokorso auf Mercedes-Benz durch Frankfurt.

Standesgemäß: Uwe Seeler als HSV-Präsident mit seinem Dienstwagen des Tys W210.

UWE SEELER – SEINE BESTEN SPRÜCHE

»MEIN VATER IST IM HAFEN GROSS GEWORDEN, WEICHEIER KONNTE ER NICHT AB.« (UWE SEELER ÜBER »VADDER OLD ERWIN« SEELER)

»ICH ENTSCHEIDE DIE GROSSEN DINGE UND MEINE FRAU DIE KLEINEN. WELCHE DINGE GROSS UND WELCHE KLEIN SIND, ENTSCHEIDET MEINE FRAU.«

»ALT WERDEN IST NICHTS FÜR FEIGLINGE.«

»WIR STEHEN MIT DEM RÜCKEN NICHT MEHR AN DER WAND, SONDERN IN DER WAND.«

»DER GROSSE FAVORIT IST FÜR MICH BRASILIEN, DER GEHEIMFAVORIT ITALIEN – UND WELTMEISTER WIRD DEUTSCHLAND.« (TV-EXPERTE SEELER… LEGT SICH FEST).

»KOHLER UND WÖRNS, DAS WAR ALSO PRAKTISCH DIE GARANTIE FÜR NULL TORE.« (UWE SEELER ZUM »AUS« DER DEUTSCHEN NATIONALMANNSCHAFT GEGEN KROATIEN, WM 1998).

»MAN SOLLTE WIRKLICH KEINE WITZE MACHEN ÜBER ALTE MENSCHEN, DIE VIER JAHRE VOR EINER WM IN EINEM LEEREN STADION SITZEN.« (HARALD SCHMIDT ÜBER EINEN AOL-WERBESPOT MIT UWE SEELER, 2002).

»EIN MITTELSTÜRMER VERBRINGT DIE MEISTE ZEIT SEINES LEBENS IM STRAFRAUM.«

te sich am 25. November 2015, drei Wochen nach Seelers 79. Geburtstag, über einen Besuch des Vize-Weltmeisters. »In ausgelassener Stimmung hat HSV-Legende Uwe Seeler seinen brandneuen GLC vom Vertriebsdirektor PKW Nord, Herrn Zierold, in Empfang genommen und ihn bei stürmischem Wetter gleich auf Herz und Nieren geprüft«, schrieb das Unternehmen, »wir bedanken uns für ein fulminantes Heimspiel und wünschen gute Fahrt! Hier treffen zwei Stars aufeinander.«

Der Mercedes-Benz GLC wurde ab 2015 als SUV gebaut, es war die zweite Reihe der SUV-Generation der Untertürkheimer, der Einstiegspreis lag bei 44.000 Euro. Die Bezeichnung GLC steht für eine Verbindung zwischen G-Klasse (Urmodell), L wie Luxus und C wie C-Klasse, womit die Zugehörigkeit zur Baureihe Mercedes-Benz 205 (produziert zwischen 2014 und 2023) dokumentiert wird.

Uwe Seeler gehörte nach seinem Abschied bis zu seinem Tod am 21. Juli 2022 fest zum deutschen Fußball-Establishment. Er war Tribünengast bei »seinem HSV«, gefragter und unglaublich kompetenter Interview-Partner, lebte mit seiner Familie seit 1959 in Harksheide (Norderstedt).

Sein rechter Fuß wurde 2005 als 5,15 x 3,5 Meter große und vier Tonnen schwere Skulptur vor dem Volksparkstadion aufgestellt.

Links: Uwe Seeler am Steuer. Der HSV-Star fuhr auch noch bis ins hohe Alter selbst Auto.

Links: Pelé zeigt Fotos mit Uwe Seeler und der brasilianischen Nationalmannschaft im Hamburger Volksparkstadion.

Unten: Zuletzt gönnte sich Uwe Seeler einen Mercedes-Benz GLC. Die Schlüsselübergabe wurde feierlich inszeniert.

»JETZT BIST DU ALLEIN«

Hier war am 10. August 2022 auch der Treffpunkt für viele der 5.000 Besucher, die im Volksparkstadion Abschied von Uwe Seeler nahmen. Die Nachrufe für den größten HSV-Spieler aller Zeiten – rührend und authentisch wie Seeler selbst. »Du warst der feinste Kerl, den ich kennengelernt habe«, schrieb sein langjähriger Nationalmannschaftskollege Wolfgang Overath (wurde mit Seeler u. a. zusammen 1966 in England Vize-Weltmeister) in BILD am SONNTAG (Ausgabe vom 24. Juli 2022), »mach's gut mein Freund, ich werde dich vermissen, aber wir werden uns da oben wiedersehen.«

Hamburg und die Fußballwelt ehrten Seeler in einer Trauerfeier, die jahrelange Wegbegleiter wie ARD-Moderator Alexander Bommes und auch den Autor zu Tränen rührte.

Die eindrucksvollste Rede hielt der bekennende HSV-Fan, der Schauspieler und Musiker Oliver Michael (»Olli«) Dittrich – auf Wunsch von Seelers Ehefrau Ilka.

Dittrich schloss: »Als ich von seinem Tod erfuhr, hatte ich für einen kurzen Moment wieder dieses Gefühl wie 2014, als meine Eltern kurz nacheinander verstorben waren. Es war dieser Gedanke: Jetzt bist Du allein.«

Der Schauspieler, Komiker und Musiker Olli Dittrich, seines Zeichens bekennender HSV-Fan, hielt eine bewegende Rede auf der Trauerfeier für Uwe Seeler.

WILLKOMMEN ZUHAUSE!
VOLKSPARK STADION
11:31
XCLUSIVE ONE'S

MEISTER-AUTOS

STERN-STUNDEN BEIM VFB STUTTGART

Der VfB Stuttgart gehört zu den Klubs, die in der Bundesliga besonders eng mit einem Autobauer verbunden sind: Mercedes-Benz. Im Zeichen des Sterns aus Untertürkheim gingen die Stuttgarter in der Bundesliga-Ära drei Mal auf den Meister-Korso.

Stuttgart, 26. Mai 1984. Die Spieler und die Fans des VfB Stuttgart unter den 71.100 Zuschauern im Neckarstadion feierten die vielleicht schönste Niederlage in der Klub-Geschichte. Ein 0:1 (0:0) gegen den Titelverteidiger und direkten Konkurrenten Hamburger SV reichte dem schwäbischen Traditionsverein, um erstmals in der Bundesliga-Historie Deutscher Meister zu werden.

Hamburg schaffte zwar durch Jürgen » Mile« Milewski in der 85. Minute das 0:1, doch die um sieben bzw. 13 Treffer bessere Tordifferenz gegenüber den punktgleichen Verfolgern HSV und Borussia Mönchengladbach garantierte den Stuttgartern den Titel.

Während bei der Meisterehrung die DFB-Meisterschale auf den Knien von Karlheinz Förster und Walter Kelsch ruhte, hatte sich einer der VfB-Macher schon den DFB-Meisterwimpel gesichert.

Deutscher Meister 1984: Berittene Polizei eskortiert den Triumphzug des VfB Stuttgart im damals noch immer aktuellen Mercedes-Benz R107. Im Hintergrund: ein O 305-Linienbus der SSB.

DAS PRÄSIDENTEN-CABRIO

Der mächtige VfB-Präsident Gerhard Mayer-Vorfelder (Spitzname »MV«), der die Geschicke des Vereins ein Vierteljahrhundert lang zwischen 1975 und 2000 lenkte, gab den Wimpel weder im Stadion noch beim folgenden Meisterkorso durch die Stuttgarter Innenstadt aus der Hand.

Eingerahmt von den Förster-Brüdern Karlheinz und Bernd hatte der Präsident die beiden Dokumente des Triumphs mit ins Cabrio genommen: Meisterschale und DFB-Wimpel. Beides war in Stuttgart offenbar Chefsache. Eskortiert wurde der Stuttgarter Meisterkorso von berittener Polizei. 15 Autos gingen an der Mercedesstraße an den Start – umlagert von zehntausenden Fans. »Allein für die paar hundert Meter vom Fabriktor des Daimler-Benz-Geländes die Mercedesstraße hinauf bis zur Schleyer-Halle hat's eine halbe Stunde gebraucht«, hatten die Reporter der Sonntagszeitung SONNTAG AKTUELL (Ausgabe vom 27. Mai 1984) beobachtet.

Kurt Niedermayer, zuvor schon 1980 und 1981 mit dem großen FC Bayern München Meister, bei der Abfahrt: »Für mich ist das die schönste Deutsche Meisterschaft, hier ist das für mich eine ganz andere Situation, hier habe ich ganz andere Aufgaben innerhalb der Mannschaft.«

26. Mai 1984: Wolfgang Rolff vom HSV und Asgeir Sigurvinsson vom VfB Stuttgart im Duell. Erster gegen Zweiter am letzten Bundesliga-Spieltag. Ein 1:0-Sieg war für die Hamburger zu wenig.

HISTORISCHE MEISTER-AUTOS IM KONVOI

»MV« saß im damals noch aktuellen R107 – voraus fuhr ein rotes, historisches Mercedes-Cabrio 300 SL (Baureihe W 198). Dessen prominenter Insasse war der legendäre Stuttgarter Meisterkapitän Robert Schlienz. Schlienz, der seinen linken Unterarm 1948 bei einem Autounfall verloren hatte, kehrte trotz seiner Verletzung in die Mannschaft zurück. Er führte die Mannschaft mit zwei Meistertiteln (1950 und 1952) und zwei Pokalsiegen (1954 und 1958) zu ihrer bis heute größten Erfolgsserie. So war der Korso von 1984 ein Schulterschluss zwischen Vorgestern und heute beim VfB Stuttgart. Kaum einer der aktiven Spieler hatte den letzten VfB-Meistertriumph miterlebt. 1952 war, wie »MV« wusste »von den Spielern, die heute dabei sind, nur der Hermann Ohlicher auf der Welt.«
Robert Schlienz und der ebenfalls im Konvoi mitfahrende Erich Retter hatten 32 Jahre auf einen weiteren Meisterschafts-Triumphzug warten müssen.
Damals, am 22. Juni 1952 entschieden die Stuttgarter um Schlienz, Karl Barufka, Otto Baitinger (traf zum 2:0) und Leo Kronenbitter mit einem 2:1-Erfolg im Meisterschafts-Endspiel gegen den 1. FC Saarbrücken im Südweststadion von Ludwigshafen die Meisterschaft für sich. Die frisch gebackenen Meister wurden an begeisterten

Heimkehr des VfB Stuttgart als Deutscher Meister 1951 im Mercedes-Benz W187.

»VfB-Legende Robert Schlienz fuhr beim Meisterkorso 1984 vorweg - stilecht im historischen Mercedes-Benz 300 SL Cabrio.

Fans vorbei in einem Mercedes-Benz 220 Cabriolet A (W187) von Asperg über Stuttgart und Bad Cannstatt gefahren.
Der 1951 auf der Internationalen Auto-Ausstellung (IAA) in Frankfurt am Main vorgestellte W187 war der erste Sechszylinder, der nach Kriegsende die Werkshallen in Untertürkheim verließ. Seine 80 PS (bei der 300er-Limousine waren es ganze 115 PS) bedeuteten eine krasse Leistungssteigerung zum Vorgängertyp: Die Meister von 1950 waren noch in einem Mercedes-Benz 170 S Cabriolet B mit 52 PS starkem Vierzylinder unterwegs.
Beide Fahrzeuge gehörten zu den mehr als 125 Schlüsselexponaten, die im Rahmen einer Sonderausstellung »Bewegt seit 1893 – 125 Jahre VfB Stuttgart« 2018/2019 im MercedesBenz-Museum gezeigt wurden.
Das Mercedes-Benz 170 S Cabriolet B war auch 2007 unter den Autos im Stuttgarter Meister-Konvoi, der sich am 19. Mai nach dem 2:1 gegen den FC Energie Cottbus über Stunden und beinahe mit

»IST DA DER LAUTSPRECHER VOM RHEIN?«
VFB-PRÄSIDENT GERHARD MAYER-VORFELDER NIMMT KONTAKT ZU CHRISTOPH DAUM AUF.

Schrittgeschwindigkeit in Richtung Schlossplatz schob. Die Begeisterung um den VfB Stuttgart, der nach 0:3 gegen den 1. FC Nürnberg nach dem ersten Spieltag Tabellenletzter und nach dem 34. Spieltag Deutscher Meister war, war gigantisch.
Höhe- und Schlusspunkt war ein gemeinsamer Auftritt der Mannschaft mit der Stuttgarter Hip-Hop-Band »Die fantastischen Vier« (»Troy«) am Schlossplatz und am 27. Mai mit Dieter-Thomas Kuhn auf dem Cannstatter Wasen.
Aktuelle und historische Fahrzeuge aus dem Mercedes-Benz-Programm nahmen die Stuttgarter Meister bei ihren Rundfahrten fast immer mit auf die Strecke – »Product-Placement« auf Schwäbisch.

AUTOGRAMME AUF DEM MEISTER-BENZ

So feierten am 19. Mai 2007 Pavel Pardo and Antonio da Silva in einem silbernen 280 SE Cabrio (W111), während Präsident Erwin Staudt und Kapitän Fernando Meira indes in einem nagelneuen Mercedes-Benz CLK 200 Kompressor die Meisterschale, die der Portugiese bei der Übergabe wenige Stunden zuvor nach dem Erfolg gegen Cottbus falsch herum hochgerissen hatte… auch dieser Wagen war Teil der großen VfB-Ausstellung im Mercedes Museum.
Die Mannschaft von Meistertrainer Armin Veh um den späteren Weltmeister Sami Khedira, Thomas Hitzlsperger, Mario Gomez und Timo Hildebrand hinterließ ganz nebenbei auch ihre Autogramme auf der Motorhaube eines der Korso-Fahrzeuge.
Noch dramatischer als die 2007 wurde die Meisterschaft 15 Jahre zuvor entschieden: Am 17. Mai 1992 nahmen die Spieler des VfB Stuttgart nach einem der dramatischsten Bundesliga-Finishs – die Schwaben setzten sich Dank des besseren Torverhältnisses gegen Borussia Dortmund und dank der Schützenhilfe des Absteigers FC Hansa Rostock gegen Eintracht Frankfurt durch – das Auto-Bad in der Menge.
Mit der Meisterschale fuhr (natürlich) Gerhard Mayer-Vorfelder, der von Torhüter Eike Immel und dem Siegtor-Schützen der hochdramatischen VfB-Partie bei Bayer Leverkusen, Weltmeister Guido Buchwald, flankiert wurde. »Guido Buchwald«, so resümierte Mayer-Vorfelder Jahre später, »war mein wichtigster Transfer.« Wohl auch dank seines Kopfballtors zum 2:1 in Leverkusen, das bei den mitgereisten Fans der Schwaben im Ulrich-Haberland-Stadion (seit 1998 BayArena) alle Dämme brechen ließ.

»MV«, DAUM UND DAS AUTO-BAD IN DER MENGE

Im silbernen Mercedes-Benz-R129 grüßten Mittelfeldstar Maurizio Gaudino (siehe auch Kapitel »Maurizio Gaudino: Ausgebremst bei Gottschalk Late Night) und der Bundesliga-Torschützenkönig der Saison 1991/92, der Heidelberger Stürmer Fritz Walter (»Wo isch moi Kanon?«) am Tag darauf die Fans an der Strecke.
Und auch der Mann, den Mayer-Vorfelder in einer seiner berühmten Ad-hoc-Aktionen im November 1990 verpflichtet hatte, genoss die Gratulationscour der Fans: Trainer Christoph Paul Daum.
»Grüß Gott, ist da der Lautsprecher vom Rhein?«, so soll sich der VfB-Boss 1990 telefonisch bei Daum gemeldet haben, »hier ist der Gerhard Mayer-Vorfelder vom VfB Stuttgart, wir schmeißen morgen den Willi Entenmann raus. Das Problem ist nur: Der weiß nix davon.«
Daum sagte dem VfB-Boss nach einem geheimen Treffen mit Manager Dieter Hoeneß zu. Der einstige High Flyer war als Trainer des 1. FC Köln 1989 – nach einem unvergessenen Live-Duell mit Bayern Münchens Manager Uli Hoeneß und FCB-Trainer Jupp Heynckes im Aktuellen Sport-Studio des ZDF – und 1990 nur Vizemeister ge-

»DIE MANNSCHAFT IST STETS IM ZEICHEN DES STERNS UNTERWEGS.«
RÜDIGER ABELE, AUTOR

worden und galt nach der Elefantenrunde in den Medien als »Lautsprecher vom Rhein«.
Während der für Deutschland erfolgreichen Weltmeisterschaft 1990 ging die Meldung von Daums Entlassung durch den nicht minder schillernden FC-Präsidenten Dietmar Arzinger-Bolten regelrecht in der Euphorie um die DFB-Elf unter.
In seiner zweiten Saison beim VfB machte Daum die Stuttgarter zum zweiten Mal in ihrer Bundesliga-Historie zum Meister, leistete sich aber auf dem Weg in die neu geschaffene UEFA Champions League im September 1992 bei Leeds United (1:4) einen peinlichen Einwechselfehler. Der Fauxpas kostete den VfB nach einem 1:2 im von der UEFA angesetzten Wiederholungsspiel in Barcelona Millionen. Daums Abgang in Stuttgart wurde damit eingeleitet.

500 PS: RENNWAGEN IM VFB-DESIGN

Der VfB Stuttgart und Mercedes-Benz. Nur wenige Bundesliga-Vereine pflegen eine derart traditionsreiche Partnerschaft zu einem Automobilkonzern wie die Cannstatter.

Meister-Jubel im historischen Benz, diesmal aus der W111-Reihe:
Die Stuttgarter Spieler feierten 2007 völlig losgelöst.

»Es gibt viele Berührungspunkt zwischen Verein und Unternehmen«, erklärte der Autor Rüdiger Abele im Magazin Museum Nr. 35 anlässlich der Sonderausstellung »Bewegt seit 1893«, »die Söhne von Gottlieb Daimler und Chefentwickler Wilhelm Maybach gehören Ende des 19. Jahrhunderts zu den Gründungsmitgliedern des Cannstatter FC. Dieser Klub ist wesentlich an der Entstehung des VfB beteiligt. Über die Jahrzehnte entsteht eine enge und freundschaftliche Zusammenarbeit zwischen Automarke und VfB. Untrennbar verbunden sind beide auch durch die Stuttgarter Auto-Korsos anlässlich der größten Erfolge des VfB: Die Mannschaft ist stets im Zeichen des Sterns unterwegs.«

Die Mercedes-Benz-Bank war zudem von 2017 bis 2019 Trikot-Sponsor des dreimaligen Bundesliga-Meisters. Zu den verschiedenen Mercedes-Benz-Veteranen aus der Historie des VfB Stuttgart gesellte sich 2017 noch ein weiterer Neuzugang:

Es war ein Mercedes C63 AMG DTM, mit dem der kanadische Pilot Robert Wickens 2017 seine letzte Saison in der Rennserie fuhr. Der Bolide trug das Logo des VfB, der gerade zum zweiten Mal in seiner Geschichte in die Zweite Bundesliga abgestiegen war und nun um den Aufstieg kämpfte, auf der Motorhaube und das Gründungsjahr 1893 war – gemeinsam mit dem roten Brustring – auf beiden Seiten.

»Ich war am ersten April-Wochenende gemeinsam mit meinen Teamkollegen beim Spiel des VfB gegen Dynamo Dresden«, sagte Robert Wickens, dessen Rennanzug ebenfalls das Logo des VfB

Der Mercedes C63 AMG DTM des kanadischen Piloten Robert Wickens im VfB-Design in der Sonder-Ausstellung von Mercedes-Benz »Bewegt seit 1893«.

Die VfB-Meistermacher Gerhard Mayer-Vorfelder (»MV«), Fritz Walter und Christoph Daum 1992…
… und Erwin Staudt mit VfB-Kapitän Fernando Meira 2007 im 280 SE-Cabrio.

Die 1992er-Meister waren stilecht im damals neuen R129 von Mercdes-Benz unterwegs. Im Auto (stehend): Maurizio Gaudino und Fritz Walter. Der Wagen war später Teil der Ausstellung »Bewegt seit 1893« im Mercedes-Benz-Museum.

zierte, dem Portal auto.de, »eigentlich bin ich ja eher Eishockey-Fan, das gehört sich als Kanadier einfach so. Aber die Stimmung, die die Stuttgart-Fans gemacht haben, war absoluter Wahnsinn. Genauso wie das Spiel gegen Dresden. Wir haben mit den Jungs gefiebert und ich hoffe, dass wir am Ende ihrer Saison den Aufstieg feiern können.«

»Angesichts der Verbindung unseres Unternehmens zum VfB haben wir uns dazu entschieden, die Mannschaft im Aufstiegskampf mit dieser Aktion zu unterstützen. Hoffentlich bringt das weiß-rote Fahrzeug-Design das Quäntchen Glück«, hoffte Michael Bock, Leiter Mercedes-Benz Sport- und Lifestyle Marketing, damals in der Schlussphase der Saison.

Gegen Dynamo Dresden hatten die Schwaben einen 0:3-Rückstand noch in ein 3:3 umgedreht. Simon Terodde, Rekord-Torjäger der Zweiten Bundesliga, stellte mit einem Elfmeter in der vierten Minute der Nachspielzeit auf 3:3 und machte die Mercedes-Benz-Arena zum Tollhaus. Am 21. Mai 2017 war es perfekt: Mit dem 4:1 gegen die Würzburger Kickers schaffte die Mannschaft von Trainer Hannes Wolf den direkten Wiederaufstieg.

So war der Mercedes C63 AMG zwar nicht das erste Rennauto in den Farben des VfB Stuttgart, aber wohl der bessere Talisman. Zum DFB-Pokalfinale 2013 gegen den FC Bayern München in Berlin fuhr der auch in der Formel 3 eingesetzte Pascal Wehrlein ein DTM Mercedes AMG C-Coupé, auf dem das Logo des fünfmaligen Deutschen Fußball-Meisters und dreimaligen DFB-Pokalsiegers zu sehen war. Das half aber nichts: Bayern München gewann mit 3:2.

»MV« und der Meisterwimpel - Der VfB-Boss mit einem besonderen Souvenir 1984, während Karlheinz Förster die Meisterschale hält.

Die erste VfB-Meisterschaft der Bundesliga-Ära brachte die Fans 1984 auf die Beine.

FRITZ WALTER

WELTMEISTER – UND »BESTER BEIFAHRER DER WELT«

An Fritz Walter (1920 - 2002) kommt man in der Pfalz nicht vorbei. »Der Alte Fritz«, Deutscher Meister mit dem 1. FC Kaiserslautern, erster Ehrenspielführer der deutschen Nationalmannschaft, Weltmeister von 1954, war und ist »fast ein deutsches Fußball-Denkmal«, wie es im Sammelband Die größten Fußballstars aller Zeiten von Dr. Christian Zentner (München) heißt. Walters 100. Geburtstag am 31. Oktober 2020 hat auch die Fans des FCK bewegt. Sie konnten in einer Sonder-Ausstellung unter anderem Fritz Walters legendäres Auto bestaunen.

Der Name passte. »Ikonengold«, so beschrieb Mercedes-Benz die Farbe des Modells 280 CE (W114). Der legendäre »Strich-Acht« kam zwar bereits 1968 als viertürige Limousine auf den Markt, das schnittige zweitürige Coupé folgte jedoch erst 1971. Es war in der Höhe um fast fünf Zentimeter flacher als die bisherigen Ausführungen, ein Sechs-Zylinder-Motor brachte eine Leistung von 185 PS und beschleunigte den Wagen auf bis zu 200 km/h.

»Viele prominente Kunden waren damals mit dem so genannten »Strich-Acht«, hergeleitet aus dem Erstbaujahr 1968 unterwegs«, heißt es dazu in einer Exponats-Beschreibung des Automuseums Carl Benz in Ladenburg.

Zu diesen »prominenten Kunden« gehörte auch Fritz Walter. Der Kapitän und Kopf der deutschen Weltmeistermannschaft von 1954 war ab 1973 im Besitz einer solchen Limousine. Sogar der Fahrzeugbrief ist bis heute in dem Museum erhalten.

Das Auto des »Alten Fritz«, wie Friedrich Walter, geboren am 31. Oktober 1920 in Kaiserslautern, im Volksmund auch ge-

Fritz Walter (links, mit dem »Chef«, Bundestrainer Sepp Herberger) fuhr selten Auto – aber auch seine Flugangst ist belegt. Dennoch präsentiert er hier tapfer das Modell einer Douglas DC-6B der Pan Am.

Deutscher Meister 1953: Fritz Walter grüßt in Ludwigshafen aus dem Käfer Cabrio.

Fritz Walters legendärer Mercedes »Ikonengold«, ausgestellt im Mercedes-Benz-Museum in Ladenburg. Davor ein Foto mit ihm und seiner Ehefrau Italia.

Oben: Der Walter-Benz in der Heckansicht.

nannt wird, zählte zu den Highlights der Ausstellung »100 Jahre Unser Fritz«, initiiert von dem Fußballhistoriker Hagen Leopold aus Neustadt an der Weinstraße.

Zuvor war der Wagen ab 2020 Teil einer Sonderausstellung im Automuseum Dr. Carl Benz in Ladenburg, wo neben dem goldfarbenen Benz auch andere Erinnerungsstücke an Fritz Walter zu sehen waren. Alles mit viel Liebe zum Detail präsentiert. Anders formuliert: Bei Hagen Leopold, beim »FCK Museum« und anderen Gönnern ist das Vermächtnis des Fritz Walter in guten Händen.

Denn: Leopold hat regelrechte »Schätze« zu Fritz Walter in seinem Archiv, darunter mehrere Ordner mit dem privaten Briefverkehr des Fußball- und Wirtschaftswunderstars. Darin finden sich auch Schreiben von prominenten Persönlichkeiten. Kinderbriefe an ihn, Bilder, die Kinder für ihn malten.

»DIE TORE SIND GESCHOSSEN.«
FRITZ WALTER AUF DIE FRAGE, WARUM ER SO SELTEN DAS NACH IHM BENANNTE BETZENBERG-STADION IN KAISERSLAUTERN BESUCHT.

»Diese Briefe, Korrespondenzen mit Sportgrößen wie Hans Günter Winkler oder Rosi Mittermaier, die er alle persönlich kannte, zeugen

»Dem Fritz soi Führerschoi«: Die Fahrerlaubnis von Fritz Walter, ausgestellt 1959 in Koblenz.

Das Mercedes-Benz 190 SL-Cabriolet von Fritz Walter galt als klassisches »Wirtschaftswunder-Auto« – und zählt für Kenner bis heute zu den schönsten Autos überhaupt.

von einer tiefen Verbundenheit«, erzählt Hagen Leopold dem Autor (2020), »auch mit Prominenten, die nicht aus dem Sport kamen wie den Bundeskanzlern Dr. Helmut Kohl und Gerhard Schröder, der Opernsängerin Anneliese Rothenberger, dem Schauspieler Günter Strack oder dem Musiker Walter Scholz war er lange Jahre befreundet. Diese Briefe habe ich be- und erhalten. Was ans Herz geht, sind die Kondolenzschreiben für seine Ehefrau Italia, die ein halbes Jahr vor ihm starb.«

Um Walters Auto bei »100 Jahre Unser Fritz« in der Fruchthalle in Kaiserslautern auszustellen, musste eine logistische Meisterleistung her: »Die Museumsangestellten und Winfried Seidel vom Dr. Carl-Benz-Museum in Ladenburg waren sehr kooperativ. Sie haben das Auto auf eigene Kosten nach Kaiserslautern transportiert, weil es ohne Betriebsstoffe nicht mehr fahrtüchtig ist«, erzählte Leopold dem Autor im Jahr 2020, »es war eine Herausforderung, dieses Auto in die Nische in die Halle zu bekommen. Der Wendekreis alter Fahrzeuge ist ziemlich groß.«

RÄTSEL UM FRITZ WALTERS FÜHRERSCHEIN

Fritz Walter – »Dem Fritz soi Wetter«, also Regenwetter, wurde nicht nur in der Pfalz zum feststehenden Begriff. Bei dieser Witterung spielte der sensible Fußballstar am liebsten.

Der Führerschein »für Kraftfahrzeug mit Antrieb durch Verbrennungsmaschine« wurde Friedrich Walter am 16. August 1959 in Koblenz ausgestellt. Ausfindig gemacht wurde er – wie der goldfarbene Mercedes – erst im Jahr 2020. Helmut »Boss« Rahn besuchte Fritz Walter (l.) während der Vorbereitung.

Weltmeister 1954: Sprachlos vor Glück präsentieren Fritz Walter (l.) und Sepp Herberger (r.) im offenen Mercedes den Fans in München den Jules-Rimet-Pokal.

Aber was waren »Dem Fritz soi Autos«? Lange war es nicht nur unter Fußballfans ein Rätsel, wie viele Autos Fritz Walter tatsächlich besaß oder. ob der in den ersten Nachkriegsjahren auch als Spielertrainer des 1. FC Kaiserslautern in Erscheinung getretene Weltmeister überhaupt den Führerschein hatte.
Der Spielführer der deutschen Nationalmannschaft, verlängerter Arm vom »Chef«, Bundestrainer Sepp Herberger (»Nach dem Spiel ist vor dem Spiel«) und das Gesicht des Berner Fußball-Wunders, ohne den »Pappdeckel«, wie man in der Pfalz sagt? Das schien eigentlich kaum möglich.
Fritz Walter, der vor wichtigen Spielen immer sehr nervös war, hatte offenbar Angst, dass dieser Makel an die Öffentlichkeit gelangen könnte. Gut, die Medienlandschaft der 1950er-Jahre war eine andere, aber sie war nicht minder unerbittlich. Deshalb bereitete er sich in der Abgeschiedenheit einer Jagdhütte im Hunsrück auf die Fahrprüfung vor und erhielt dabei sicher einige gute Tipps von einem seiner Berner Mitspieler, dem PS-Fan Helmut »Der Boss« Rahn, der nicht zuletzt durch Herbert Zimmermanns legendären Radio-Kommentar (»Aus dem Hintergrund müsste Rahn schießen«) unsterblich wurde.

»DAMALS DAS GEILSTE AUTO«

Eben jener »Boss« Rahn, der 1957 nach einer Trunkenheitsfahrt erst in einer Baugrube und dann nach »Widerstand gegen die Staatsgewalt« – er soll einem Polizisten die Mütze vom Kopf gewischt haben –, vorübergehend in Essen hinter Gittern landete.

»ICH MACHE KEIN BÖSES GESICHT, SONDERN EIN ENTTÄUSCHTES.« FRITZ WALTER NACH EINEM VERLORENEN BUNDESLIGA-AUFSTIEGSSPIEL DES SV ALSENBORN.

Der Führerschein »für Kraftfahrzeug mit Antrieb durch Verbrennungsmaschine« wurde Friedrich Walter am 16. August 1959 in Koblenz ausgestellt. Ausfindig gemacht wurde er – wie der goldfarbene Mercedes – erst im Jahr 2020.
»Fritz Walter und seine Beziehung zu Autos zu beschreiben, ist schwierig«, verriet Hagen Leopold im Mai 2024 dem Autor, »er hatte zwar den Führerschein, ist aber selten selbst gefahren. Die Autos waren immer auch die Wunsch-Autos seiner Frau Italia, 1958 hatte er ein Mercedes-Benz-Cabrio, das war damals das geilste Auto.«

»WIR-SIND-WIEDER-WER«

Zur IAA 1955 in Frankfurt am Main lag der Grundpreis der teuersten Variante des 190 SL (»Coupé mit Hard-Topaufsatz und Stoffverdeck«) bei 17.650 DM, was nach heutiger Kaufkraft und inflationsbereinigt 52.800 Euro entspricht. Mit einigen Zusatzausstattungen konnte der Preis eines 190 SL auf umgerechnet 59.000 Euro steigen, für damalige Verhältnisse echter Luxus.
Mit 25.881 gebauten Fahrzeugen erwies sich das Konzept eines Reisesportwagens SL (»Sport Leicht«) als Erfolg. Der 190 SL verkörperte in der noch jungen Bundesrepublik Deutschland der Wirtschaftswunderzeit das »Wir-sind-wieder-wer-Gefühl«, er war auch ein beliebtes Requisit in vielen deutschen Spielfilmen dieser Ära. Der Wagen galt als vielseitig (es gab ihn als offenen Roadster oder als geschlossenes Coupé) und er war im Vergleich zu anderen Touren-Sportwagen leicht im Handling.
Der Mann, der das deutsche Fußball-Idol auch in diesem Wagen meistens chauffierte, hieß Helmut Bender, genannt »Calypso«. Er galt als Edel-Fan des 1. FCK und profitierte von den Kontakten von Fritz Walter – umgekehrt erledigte er viele Dinge für ihn, so organisierte er etwa Fritz Walters 50. Geburtstag (1970) bei Hertie-Wertheimin Kaiserslautern. Rund 30 Jahre lang fuhr »Calypso« für und mit Fritz Walter zu allen möglichen öffentlichen Auftritten.
»Calypso Bender«, ergänzt Hagen Leopold, »starb 2022 mit 92 Jahren, er konnte tolle Geschichten erzählen. Er hat die meisten Kilometer mit Fritz, dem besten Beifahrer der Welt, herunter gespult.«
Fritz Walters jüngerer Bruder Ottmar (1924 – 2013) war indes wesentlich Automobil affiner. Er besaß bis Anfang der 1970er-Jahre eine Tankstelle in Kaiserslautern, liebte als Jugendlicher die Besuche auf der Berliner Rennstrecke AVUS, der 1921 eröffneten, ersten ausschließlichen Autostraße der Welt, fuhr allerdings selbst nie spektakuläre Autos.
Bei der Rückkehr nach der erfolgreichen, beinahe mystisch-verklärten Fußball-Weltmeisterschaft 1954 in der Schweiz sah man die Walter-Brüder beim Triumphzug durch München in Mercedes-Fahrzeugen. Das Typ 170 Cabriolet A war damals erste Wahl für Siegerfeierlichkeiten aller Art (vgl. Kapitel über den VfB Stuttgart).

»ROTE TEUFEL« IM VW

Die etwas bescheideneren, aber dennoch eindrucksvollen VW Käfer mit denen Fritz und Ottmar Walter sowie ihre Nationalmannschaftkollegen Horst Eckel (verstarb 2021 als letzter der Berner Weltmeister), Werner Kohlmeyer und Werner Liebrich als Deutscher

1951: Mühsam bahnt sich der VW Käfer mit den FCK-Meisterspielern um Werner Kohlmeyer (r.) den Weg durch die Kaiserslauterer Innenstadt.

Die Glücklichen Sieger bei der Fahrt durch München (unten).

Weltmeister Karl »Charly« Mai erhält einen neuen DKW F89.

Aus der Hand des greisen FIFA-Präsidenten Jules Rimet (Podium) erhält Fritz Walter am 4. Juli 1954 den WM-Pokal.

Meister 1951 und 1953 von den Endspielen aus Berlin (2:1 gegen Preußen Münster, 1951 und 4:1 gegen den VfB Stuttgart, 1953) durch Ludwigshafen und Kaiserslautern fuhren, stammten vom traditionsreichen Lauterer Autohaus Rittersbacher in der Pariser Straße.
»Die Firma Rittersbacher gehört seit 1924 zu den Gönnern und Sponsoren des 1.FC Kaiserslautern«, erklärt Hagen Leopold, »sie standen bereits der Walter-Elf sehr nahe. Es kann also sein, dass Fritz Walter oder auch den anderen Helden von Bern für wenig Geld und mit Autogrammstunden als Gegenleistung ein Auto zur Verfügung gestellt wurde.«

5 MARK UND EIN FERNSEHGERÄT

Zu den diesen »Auto-Beziehungen« merkt Leopold an: »Die Wagen waren aber auf Fritz Walter zugelassen, sodass man annehmen muss, dass diese Autos gekauft wurden. Walter wollte wahrscheinlich in keinerlei Abhängigkeiten geraten.« Vermutlich nicht. Fritz Walter, die »Helden von Bern« und das Geld – um die Erfolgsprämien war es beim Deutschen Fußball-Bund (DFB) 1954 nicht gut bestellt, da bei den Funktionären in Frankfurt niemand – und das ging sicher auch der Mehrheit der Fans so – mit einem WM-Triumph in der Schweiz gerechnet hatte. »Weder in der Vorbereitung noch im Lauf des Turniers wurde darüber gesprochen«, heißt es dazu im Kicker-Spezial 50 Jahre Das Wunder von Bern (2004), »dann einigte man sich auf eine Pauschale von 1.000 Mark für jeden WM-Fahrer, die eingesetzten Spieler bekamen zusätzlich 200 Mark mehr je Partie.
Die »Großverdiener« Fritz Walter und Horst Eckel, die als einzige 1954er-Weltmeister in allen sechs Spielen zum Einsatz gekommen waren, heimsten so je 2.200 Mark ein, dazu kam die übliche Länderspielpauschale von 5 Mark pro Tag und jeder Spieler erhielt ein Fernsehgerät.«

ARTHUR ANTUNES COIMBRA

NICHTS IST UNMÖGLICH: COIMBRA

Arthur Antunes Coimbra, genannt Zico, der »weiße Pelé«. Brasiliens größter Fußballstar der späten 1970er- und der 1980er-Jahre, pflegt seit Jahrzehnten seine ganz eigene Auto-Tradition. Und die ist denkbar einfach: Er setzte seit 1981 auf einen Toyota Celica.

Zico – eine lebende Legende, aber auch der ungekrönte König der Fußball-Weltmeisterschaften von 1978 und 1982, hat während seiner großen Karriere bei Udinese Calcio und bei den Kashima Antlers in Japan gespielt. Denkt man an seinen hohen Stellenwert in der brasilianischen Nationalmannschaft, sind das vergleichsweise unspektakuläre Klubs.

Neben Falcao, Toninho Cerezo und dem 2011 verstorbenen Fußballprofi und Kinderarzt Sócrates komplettierte Zico die Mittelfeldreihe »Die fantastischen Vier«.

BRASILIEN UND DAS »SCHÖNE SPIEL«

Vier der 15 brasilianischen Tore im WM-Turnier 1982 gingen damals auf das Konto von Zico, der das beinahe magische gelbe Trikot mit der Nummer 10 von Pelé übernommen hatte. Obwohl die Brasilianer in der 2. Finalrunde (in einer Gruppe mit Italien und Erzrivale Argentinien) scheiterten, gilt diese Mannschaft bis heute als die spielfreudigste und auch beste, die das Land jemals bei einer Weltmeisterschaft stellte.

Große Ehre für Zico: Japanische Studenten formieren sich in Rio de Janeiro, um seinen Künstlernamen abzubilden.

Die Brasilianer reisten als haushoher Favorit und mit der grandiosen Bilanz von 22 Siegen, sechs Remis und nur zwei Niederlagen aus den vorangegangenen 18 Monaten zur Weltmeisterschaft nach Spanien. »Sie hatten schon bei der Ankunft die Aura eines Teams, das Märchenfußball spielte«, erinnerte sich der brasilianische Autor Juca Kfouri.

»Wir berührten etwas in den Menschen, die das schöne Spiel lieben«, sagte Zico in der Dokumentation Football's Greatest: Brasilien 1982 von Pitch international (2013), »die Philosophie war es, guten Fußball zu zeigen.«

»Als wir am 5. Juli 1982 gegen Italien in der Zweiten Finalrunde ausgeschieden sind, schrieben alle spanischen Zeitungen: Die WM ist vorbei«, erinnerte sich Eder (2013) an das WM-»Aus« der »Selecao« in Sarria bei Barcelona gegen den späteren Weltmeister (2:3).

»WIR HABEN NIE HÄSSLICH GEWONNEN.« ZICO ÜBER DIE BRASILIANISCHE NATIONALMANNSCHAFT DER FRÜHEN 1980ER-JAHRE.

»Tanzen wollten sie, nicht weinen«, brachte es auch die BUNTE auf den Punkt. Es war das Ende eines Fußballtraums.

»O jogo bonito«, das schöne Spiel, beschrieb Zico so: »Wir alle kannten uns, wir wussten, wo sich die anderen auf dem Platz befinden. Trainer Tele Santana wollte, dass wir mit Kreativität und Spaß spielen, in einer sauberen und disziplinierten Art, die die Gesetze des Spiels repräsentierte.«

Zico betonte aber auch: »Selbst wenn wir zurücklagen, haben wir nie versucht, unseren Spielstil zu ändern. Wir haben nie hässlich gewonnen!«

Am Ende scheiterte das Team mit den vielleicht besten Individualisten, die der Fußball je gesehen hatte, am italienischen Pragmatismus. Die Tore von Sócrates zum 1:1 (12.) und von Falcao zum 2:2 (78.) waren gegen den nach seiner Verwicklung in den Wettskandal erst im April 1982 wieder in die »Squadra Azzurra« berufenen, wie befreit aufspielenden Italien-Torjäger Paolo Rossi zu wenig.

»Wir haben an unserer Philosophie festgehalten«, erzählte Zico 2013, »wir wollten gewinnen, aber wir wollten diese Grundsätze aufrechterhalten.« Das misslang. Trotzdem erhielt der geschlagene brasilianische Coach Tele Santana in der Pressekonferenz von den mehr als 300 Journalisten stehende Ovationen.

Auch als Trainer suchte Zico das offene Wort...

WM 2006: Zico als Nationalcoach Japans mit dem Maskottchen, dem Dachshund »Rommel«.

Ein Jahr nach der Weltmeisterschaft wechselte Zico nach Italien, zu Udinese Calcio. 2.000 Fans empfingen ihn am Flughafen. Ähnlich wie 1984 bei Diego Armando Maradonas surreal anmutenden Transfer vom FC Barcelona zum SSC Neapel (vgl. Kapitel Maradona – Ein Ferrari in der Hand Gottes) – ein Erweckungserlebnis für den Verein und die gesamte Region Friaul.

»FERRARI-MOTOR IN EINEM VW-KÄFER«

Ein Transfer-Coup, der den Auto-Vergleich nicht scheute. »Für uns Friauler ist Zico ein Ferrari-Motor in einem VW Käfer«, titelte die Zeitung Il Gazzettino de Venezia, »wir sind die einzigen auf der Welt, die ein so tolles und fast schon unmögliches Auto besitzen«. Frei nach dem Toyota-Werbeslogan »Nichts ist unmöglich.«
Bei Udinese Calcio wurde Arthur Antunes Coimbra 1984 zum zweitbesten Torschützen der italienischen Serie A hinter Michel Platini von Juventus Turin. »Le Platine« hatte zuvor Zicos Wechsel zu dem international kaum bekannten Verein aus dem Friaul kritisiert.

TOYOTA

Zico und sein legendärer Toyota Celica: Beim Weltpokal-Finale 1981 in Tokio (oben) und zu Hause in Rio de Janeiro.

»Irgendwoher kenne ich Sie...?« - Zico am Spielfeldrand.

1985 kehrte Zico noch einmal zu seinem Ausbildungsverein Flamengo Rio de Janeiro zurück, für den er zwischen 1971 und 1983 in gigantischen 635 Liga-Spielen 476 Tore erzielt hatte.
Drei Mal wurde er mit dem Clube de Regatas do Flamengo brasilianischer Meister und 1981 gelang gegen CD Cobreola aus Chile im Estadio Centenario in Montevideo der größte Erfolg: Sieger der südamerikanischen Champions League, der Copa Libertadores. Zico markierte beide Treffer für Flamengo. Bei den Brasilianern stand auch der spätere Leverkusen-Profi und UEFA-Cup-Gewinner Tita in der Startelf. Das war am 23. November 1981.

EINE AUTO-LIEBE FÜRS LEBEN

20 Tage später holten Zico, Tita und Co. mit Flamengo in Tokio auch den Weltpokal. Es war die 20. Ausspielung, aber auch die zweite und letzte unter dem Namen »Toyota-Cup«. Gegner der Südamerikaner war der amtierende Europapokalsieger der Landesmeister, der große FC Liverpool. Das Star-Ensemble der »Reds«, unter anderem mit Spielern wie Kenny Dalglish, Ray Kennedy, Mark Lawrenson oder Graeme Souness, die bis heute in Liverpool Legendenstatus haben, verlor 0:3. Die japanischen Macher beschenkten Zico als »Spieler des Spiels« mit einem Toyota Celica. Es sollte für Arthur Antunes Coimbra die Auto-Liebe seines Lebens werden.
en 1981 mit Flamengo gegen Liverpool gewonnenen Toyota Celica fuhr Fußallstar Zico auch im Jahr 2024 noch.
Und er schloss einen Transfer hartnäckig aus:
Zico blieb sich treu. Das brasilianische Fußball-Idol war und ist stolz auf sein Auto. Der Wagen, der heute einen Wert von umgerechnet 10.000 Euro hat, ist das Prunkstück seiner Garage.

»EINE GROSSARTIGE TROPHÄE, EINE FANTASTISCHE ERINNERUNG«

In einem YouTube-Video präsentierte der geniale Spielmacher der »Selecao" das Auto. Mit einer liebenswerten Rundfahrt durch Rio de Janeiro.
»Ich habe viele Angebote erhalten, um den Celica zu verkaufen,

2. September 2002: Carlos Ghosn (r.) von Nissan übergibt Japan-Coach Zico in Tokio seinen 62.100 Dollar teuren Dienstwagen.

2003 stieg Zico für den japanischen Hersteller Phenix auch auf Mountainbike um.

aber das ist mir nie in den Sinn gekommen«, so erzählte es Zico einmal, »es ist eine großartige Trophäe, eine fantastische Erinnerung an den wichtigsten Wettbewerb, den Flamengo gewonnen hat."

Antworten über den Zustand des gewonnenen Autos musste Zico im Laufe der Jahrzehnte fast häufiger geben als Tipps zum Abschneiden der »Selecao« bei der nächsten WM oder bei der Copa América. »Es steht zu Hause, läuft immer noch gut und es wird hierbleiben, solange ich lebe", schwor sich Zico immer wieder.

Der japanische Automobil-Gigant Toyota war von 1980 bis 2014 offizieller Sponsor des Weltpokals. Auch der deutsche Nationalspieler Andreas Möller hatte nach dem Sieg mit Borussia Dortmund 1997 in Tokio gegen Cruzeiro Belo Horizonte (2:0) plötzlich so ein Auto. Was er damit gemacht hat, ist nicht bekannt.

Zico und sein Toyota, das schien anfangs nicht die Auto-Liebe zu werden, die nie rostet. Kaum hatte der WM-Dritte von 1978 das Auto gewonnen, drohte ihm Ärger.

In Brasilien herrschte damals ein striktes Auto-Import-Gesetz. Das machte es Zico beinahe unmöglich, den Toyota in sein Heimatland zu bringen. Von 1976 bis 1990 war es nur Diplomaten und Botschaftsangestellten erlaubt, ausländische Autos nach Brasilien einzuführen.

»Um den Toyota nach Hause zu bringen, fragte ich mehrere Leute", erzählte Zico im Jahr 2021 dem britischen Massenblatt The Sun, »ich benötigte die Hilfe des damaligen Finanzministers Francisco Dornelles, Carlos Langoni, dem Präsidenten der Zentralbank und Flamengo-Präsident Marcio Braga. Ich war mir sicher: Ich werde den Toyota als Trophäe nach Hause bringen.«

Das klang eher nach einer komplizierten diplomatischen Angelegenheit als nach »Jogo Bonito«. Und schon gar nicht nach »Nichts ist unmöglich, Toyota!"

»DEN TOYOTA ZU FAHREN, IST WIE KRAFTTRAINING.« ZICO ÜBER SEINEN CELICA.

Seit mehr als 40 Jahren ein Dream-Team: Zico und sein Toyota Celica.

Bis er den redlich verdienten Toyota endlich zu Hause in Rio de Janeiro fahren durfte, vergingen fast zwei Jahre, erst im April 1983 wurde der Wagen von den zuständigen Behörden freigegeben.
Da Zico zu diesem Zeitpunkt bereits in Italien bei Udinese Calcio spielte, bekam er dort von Toyota einen anderen Wagen als den ursprünglich in Tokio gewonnenen. Getreu dem Motto von Wigald Boning in den Kult-Werbespots von Toyota Mitte der 1990er-Jahre: »Kaufen Sie nicht diesen Toyota! Kaufen Sie den hier!" Der »Man of the Match« aus der Partie in Tokio erhielt stattessen ein verbessertes Modell –einen Celica 2.0 GT.
Diese dritte Generation des japanischen Sportwagens wurde im Februar 1982 vorgestellt. Die Autos verfügten über nach hinten klappbare Scheinwerfer. Außerdem erhielt die GT-Variante den Motor 4A-GE, der vorher nicht verfügbar war. Diese Modellreihe war die letzte des Celica mit Heckantrieb.
Fahren konnte Zico den Wagen in Brasilien erst 1985, nach seiner Rückkehr aus Italien. Bis dahin passte sein Bruder Edu, Eduardo Antunes Coimbra (Weltkarriere unter bürgerlichem Namen nicht möglich), ebenfalls Fußballprofi und zweimaliger Nationalspieler für Brasilien, auf die Trophäe auf.
»Er hat ihn richtig gut eingefahren«, sagte Zico der Sun. Ende 2021 hatte der gewonnene Toyota nur etwas mehr als 70.000 Kilometer auf dem Tacho.
Obwohl zwischen Zico und sein Auto kein Gegenspieler kommt, verriet das brasilianische Fußball-Idol doch leichte technische Schwächen beim Oldtimer: »Die Steuerung ist nicht hydraulisch, das macht es sehr schwer, ihn zu fahren. Jedes Mal, wenn ich Krafttraining machen muss, steige ich in den Celica.« Ein Auto als die wertvollste Trophäe eines Fußballstars – Manchmal gibt Zico den Toyota für Ausstellungen in südamerikanischen Fußballmuseen frei. Mehr aber auch nicht.

BILDNACHWEIS

-/AFP via Getty Images - Curk (56-57); 4Imagens/Getty Images (147, 152); A. Beier/FC Bayern via Getty Images (99); A. Jones/Express/ Getty Images (28); ABT Sportsline 80-81; Alain VOLOCH/Gamma-Rapho via Getty Images (59); Alessandro Sabattini/Getty Images (23, 25, 138, 140); Alex Grimm/Bongarts/Getty Images (98); Alex Livesey /Allsport (153); Alex Livesey/Getty Images (113); Alexander Hassenstein/Bongarts/Getty Images (41, 116, 123, 173); Alexandre Simoes/Borussia Dortmund via Getty Images (114); Allsport UK / Allsport (140, 198-199); Alpine (129); Andrew Powell/Liverpool FC via Getty Images (124-125, 126); ANDREW YATES/AFP via Getty Images (163); Archiv Motorbuch (154, 159); Aston Martin (160); Audi (158); Automobile Photographics 20; Automuseums Carl Benz (190-191, 192, 194-196); Beate Mueller/Bongarts/Getty Images (38); BEN STANSALL/AFP via Getty Images (133); Bentley Motors (123); Bernard CHARLON/Gamma-Rapho via Getty Images (61); Blick Sport/ RDB/ullstein bild via Getty Images (26-27; 29); BMW AG (143); Bongarts/Getty Images (181, 186); Bugatti Automobiles 160, 161); Carlos Alvarez/Getty Images (167); Catherine Ivill/Getty Images (15); Charlotte Wilson/Offside/Offside via Getty Images (14); Chris Ratcliffe/ Bloomberg via Getty Images (51); CHRISTIAN CHARISIUS/POOL/ AFP via Getty Images (177); Christof Koepsel/Bongarts/Getty Images (41); Claudio Villa/Getty Images (18, 24); cristiano barni/ Shutterstock (92-93); Daily Express/Hulton Archive/Getty Images (107); Daimler AG (154, 182, 185); Dan Istitene - Formula 1/Formula 1 via Getty Images (51, 129, 131, 132); Dan Smith/Allsport/Getty Images (71); DANIEL LEAL/AFP via Getty Images (128); DANIEL ROLAND/AFP/GettyImages (117); Danny Brannigan/Hulton Archive (110, 111); Dave Cannon/Allsport/Getty Images/Hulton Archive (64-65); Dennis Grombkowski/Bongarts/Getty Images (6-7, 7); dpa / empics | Matthew Fearn (48); Emanuele Perrone/GC Images (88); ERIC CABANIS/AFP via Getty Images (44-45); Etsuo Hara/Getty Images (134-135, 136, 137); Europa Press/Europa Press via Getty Images (96, 162, 166); Ferrari (166); FREDRIK SANDBERG/AFP/GettyImages (89); Friedemann Vogel - FIFA/FIFA via Getty Images (203); Friedemann Vogel/Bongarts/Getty Images (82-83); Getty Images Sport (176); Gilbert UZAN/Gamma-Rapho via Getty Images (109); Giuseppe Bellini/Getty Images (19); GIUSEPPE CACACE/AFP via Getty Images (16-17); Henning Bangen/Bongarts/Getty Images (76); Hiroki Watanabe/Getty Images (201); Honda (205); Ian Walton/Getty Images (112-113); Imago Images (35, 109); Jan Fromme - firo sportphoto/Getty Images (132); Joerg Schueler/Bayer 04 Leverkusen via Getty Images (94-95); John Peters/Manchester United via Getty Images (158, 164); JONAS EKSTROMER/AFP via Getty Images (84); JOSEP LAGO/AFP via Getty Images (85); Juan Naharro Gimenez/ Getty Images (162); Kent Gavin/Daily Mirror/Mirrorpix/Getty Images (105); KENZO TRIBOUILLARD/AFP via Getty Images (48, 91); Keystone-France/Gamma-Keystone via Getty Images (146); Lars Baron/ Bongarts/Getty Images (184); Laurence Griffiths/Getty Images (156-157); Liverpool FC via Getty Images (110); Luca Ghidoni/Getty Images (23); Lutz Bongarts/Bongarts/Getty Images (97); MAN Trucks (100); Marcus Brandt/Bongarts/Getty Images (39); Mario De Biasi/Mondadori via Getty Images (60); Mark Cuthbert/UK Press via Getty Images (50); Mark Thompson/Getty Images (126, 127); Martin Rose/Getty Images (176); Maserati s.p.a. (52-55); McLaren (165); Michael Regan - The FA/The FA via Getty Images (24); Michael Regan/Getty Images (116); MIKE WALKER / Alamy Stock Foto (46); NCJ Archive/Mirrorpix/Getty Images (68); NIGEL RODDIS/AFP via Getty Images (121); ODD ANDERSEN/AFP/GettyImages (130); OLI SCARFF/AFP via Getty Images (119); Opel Automobile (40, 116, 120, 121, 122); PA Images / Alamy Stock Foto (20, 69, 70); PATRIK STOLLARZ/AFP via Getty Images (13); Pele10/Sport 10 IP Limited via Getty Images (147, 148, 149, 150, 151); Peter Bischoff/Getty Images (32); PHILIPPE MERLE/AFP via Getty Images (62); Photo12/Universal Images Group via Getty Images (155); Pictorial Parade/Archive Photos/Getty Images (144-145); picture alliance / abaca | Carriero Mimmo/IPA/ABACA (89); picture alliance / abaca | Piovanotto Marco/ABACA (90); picture alliance / augenklick/firo Sportphoto | firo Sportphoto/ Christopher Neundorf (12-13); picture alliance / BEAUTIFUL SPORTS | BEAUTIFUL SPORTS/Buriakov (101, 102); picture alliance / dpa | dpa (173); picture alliance / dpa | Stefan Puchner (43); picture alliance / dpa | Uwe Marek (171); picture alliance / Foto Huebner | Foto Huebner (101); picture alliance / Frank Kleefeldt | Frank Kleefeldt (78); picture alliance / HJS-Sportfotos | Hans-Jürgen Schmidt (31); picture alliance / Karl Schnoerrer | Karl Schnoerrer (170); picture alliance / KM Press Group (49); picture alliance / Mimmo Carriero | Mimmo Carriero / IPA (9, 25); picture alliance / MIMMO CARRIERO- | Mimmo Carriero / ipa-agency.net (88, 89); picture alliance / Pressefoto Rudel | Herbert Rudel (72-73, 74, 75, 77, 180, 182,186, 187); picture alliance / R. Goldmann | Ralph Goldmann (11); picture alliance / ROPI | Brescia/Fotogramma (22); picture alliance / ROPI | R4545 (21); picture alliance / Sammy Minkoff | Minkoff/Augenklick (42); picture alliance / Sven Simon | Anke Waelischmiller/ SVEN SIMON (10); picture alliance / Sven Simon | SVEN SIMON (30, 33); picture alliance / SZ Photo | Horstmüller (62); picture alliance / Wilhelm Bertram | Wilhelm Bertram (29); picture alliance/dpa/BELGA | Benoit Doppagne (139); picture alliance/dpa/dpa-Zentralbild | Robert Michael (115); picture alliance/dpa/dpa-Zentralbild | Sebastian Kahnert (115); picture-alliance / dpa | DB Ken Liu (40); picture-alliance / dpa | Fiona_Hanson (47); picture-alliance / dpa | Kay Nietfeld (174); picture-alliance / dpa | Matthias Ernert (79); picture-alliance / dpa | Sean_Dempsey (46); picture-alliance / M.i.S.-Sportpressefoto | MiS (43); picture-alliance / Sven Simon | SVEN SIMON (32, 39, 172); picture-alliance/ dpa/dpaweb | Uli Deck (32); RDB/ullstein bild via Getty Images (152, 197); Renault (58, 141); ROBERTO PFEIL/afp/AFP via Getty Images (99); Rolls-Royce (164); S. Mellar/FC Bayern via Getty Images (36-37); Salvatore Laporta/ KONTROLAB/LightRocket via Getty Images (139); Sammlung CG (108, 175, 202, 205); Sandra Behne/Bongarts/Getty Images (106, 186); SASCHA SCHUERMANN/AFP via Getty Images (96); Sascha Steinbach/Bongarts/Getty Images (8, 9); Schweigmann/United Archives via Getty Images (27, 31); Sean Gallup/Getty Images (118); SERGEI GAPON/AFP via Getty Images (142); Shutterstock (167); SSPL/Getty Images (66); STAFF/AFP via Getty Images (168-169, 200); Stuart Franklin/Getty Images (96); Talbot/Mirrorpix via Getty Images (104-105); TOSHIFUMI KITAMURA/AFP via Getty Images (201, 204); Tullio Puglia/Getty Images 24; ullstein bild/ullstein bild via Getty Images (175, 188-189, 190, 193, 195); Universal/Corbis/VCG via Getty Images (63); VALERY HACHE/AFP via Getty Images (18); VI Images via Getty Images (118); Vladimir Rys/Bongarts/Getty Images (178-179); Volvo Cars (86, 87, 91); WENN Rights Ltd / Alamy Stock Foto (22, 67); YOSHIKAZU TSUNO/AFP via Getty Images (204); ZIK Images/United Archives via Getty Images (30).

S.F.C.